电网企业生产人员**技能提升**培训教材

配电网不停电作业

国网江苏省电力有限公司
国网江苏省电力有限公司技能培训中心　组编

中国电力出版社
CHINA ELECTRIC POWER PRESS

内 容 提 要

为进一步促进电力从业人员职业能力的提升，国网江苏省电力有限公司和国网江苏省电力有限公司技能培训中心组织编写《电网企业生产人员技能提升培训教材》，以满足电力行业人才培养和教育培训的实际需求。

本分册为《配电网不停电作业》，内容分为六章，包括本质安全型配电网不停电作业体系、常用工器具与装备、配电网不停电作业规程规范介绍、配电网不停电作业项目、生产班组日常管理和作业项目实施案例。

本书可供从事配电网不停电作业相关技能人员、管理人员学习，也可供相关专业高校师生参考学习。

图书在版编目（CIP）数据

配电网不停电作业 / 国网江苏省电力有限公司，国网江苏省电力有限公司技能培训中心组编. —北京：中国电力出版社，2023.4（2024.4 重印）

电网企业生产人员技能提升培训教材

ISBN 978-7-5198-7146-8

Ⅰ. ①配…　Ⅱ. ①国…②国…　Ⅲ. ①配电线路–带电作业–技术培训–教材　Ⅳ. ①TM726

中国版本图书馆 CIP 数据核字（2022）第 197275 号

出版发行：中国电力出版社
地　　址：北京市东城区北京站西街 19 号（邮政编码 100005）
网　　址：http://www.cepp.sgcc.com.cn
责任编辑：罗　艳（010-63412315）　高　芬
责任校对：黄　蓓　马　宁
装帧设计：张俊霞
责任印制：石　雷

印　　刷：固安县铭成印刷有限公司
版　　次：2023 年 4 月第一版
印　　次：2024 年 4 月北京第二次印刷
开　　本：710 毫米×1000 毫米　16 开本
印　　张：16.25
字　　数：288 千字
印　　数：1501—2000 册
定　　价：89.00 元

编　委　会

序 Preface

技能是强国之基、立业之本。技能人才是支撑中国制造、中国创造的重要力量。党的二十大报告明确提出要深入实施人才强国战略，要加快建设国家战略人才力量，努力培养造就更多大师、战略科学家、一流科技领军人才和创新团队、青年科技人才、卓越工程师、大国工匠、高技能人才。习近平总书记也对技能人才工作多次作出重要指示，要求培养更多高素质技术技能人才、能工巧匠、大国工匠，为全面建设社会主义现代化国家提供坚强的人才保障。电力是国家能源安全和国民经济命脉的重要基础性产业，随着"双碳"目标的提出和新型电力系统建设的推进，持续加强技能人才队伍建设意义重大。

国网江苏电力始终坚持人才强企和创新驱动战略，持续深化"领头雁"人才培养品牌，创新构建五级核心人才成长路径，打造人才成长四类支撑平台，实施人才培养"三大工程"，建设两个智慧系统，打造一流人才队伍（即"54321"人才培养体系），不断拓展核心人才成长宽度、提升发展高度、加快成长速度，以核心人才成长发展引领员工队伍能力提升，形成人才脱颖而出、竞相涌现的良好氛围和发展生态。

近年来，国网江苏电力立足新发展阶段，贯彻新发展理念，紧跟电网发展趋势，紧贴生产现场实际，聚焦制约青年技能人才培养与管理体系建设的现实问题，遵循因材施教、以评促学、长效跟踪、智慧赋能、价值引领的理念，开展核心技能人才培养工作。同时，从制度办法、激励措施、平台通道等方面，为核心技能人才快速成长提供坚强保障，人才培养成效显著。

有总结才有进步，国网江苏电力根据核心技能人才培养管理的实践经验，组织行业专家编写《电网企业生产人员技能提升培训教材》（简称《教材》）。《教材》涵盖电力行业多个专业分册，以实际操作为主线，汇集了核心技能工作中的典型案例场景，具有针对性、实用性、可操作性等特点，对技能人员专业与管理的双提升具有重要指导价值。该书既可作为核心技能人才的培训教材，也可作为电力行业一般技能人员的参考资料。

本《教材》的编写与出版是一项系统工作，凝聚了全行业专家的经验和智慧，希望《教材》的出版可以推动技能人员专业能力提升，助力高素质技能人才队伍建设，筑牢公司高质量发展根基，为新型电力系统建设和电力改革创新发展提供坚强的人才保障。

编委会
2022 年 12 月

前　言 Foreword

　　近年来，随着我国经济发展水平的不断提高，国内各类型用电客户对用电需求及供电可靠性提出了较高的要求，2014～2021 年我国社会用电量从 5.64 万亿 kWh 增长至 8.31 万亿 kWh，用电量均呈现出逐年增长的态势。目前，我国配电网的计划停电时间占比仍较高，与国外发达国家相比还存在较大差距。2019年，国家电网有限公司下发《国网设备部关于全面加强配网不停电作业管理工作的通知》，明确提出："通过提升不停电作业精益化管理水平，打造世界一流不停电作业队伍，不断强化工器具（装备）配置力度，创新不停电作业技术，完善不停电作业培训体系等举措，推动配电网作业由停电为主向不停电为主转变，为建设世界一流能源互联网企业提供强大的支撑能力。"随着电力系统的不断发展，特别是近年来配电网新设备、新技术的广泛采用，智能化设备大量投入运行，对配电网不停电检修人员的理论知识和技能水平提出了更高的要求。保证配电网不停电从业人员的人身安全是提高配电网供电可靠性持续提升的前提。为此，提升检修人员的专业水平，打造一支业务素质过硬的配电网不停电检修队伍已经成为当务之急。

　　为适应电力企业人才培养的需求，国网江苏省电力有限公司技能培训中心在国家电网有限公司、国网江苏省电力有限公司的指导下通过 10 余年持续投入，全面建成了配电网不停电作业实训室（场），组建了一支操作规范、经验丰富的培训师团队。现根据近年来配电网不停电作业发展趋势和新技术、新工艺、新工具出现，以标准化作业为抓手，重新梳理培训教材，以期提升培训效果，达到保障电网的安全稳定运行目的。

　　本书共分六章，第一章对本质安全型配电网不停电作业体系做总体介绍，

第二章至第五章分别对配电网不停电作业常用工器具与装备、10kV 及 0.4kV 配电网不停电作业项目、配电带电作业生产班组日常管理、配电网不停电作业相关规程规范等进行了介绍、解读，第六章分别遴选了普通消缺、拆装装置及设备、配电网装置带电改造、转供及电源替代、带电作业机器人作业、"PMS3.0＋安全生产风险管控平台"不停电作业 App 现场应用等方面的案例。

本书经过实地调研，广泛收集近几年各地出现的经过实践验证的配电网不停电作业检修案例，列入国网江苏公司开发并试点应用的 PMS3.0 系统流程，介绍安全生产风险管控平台相关应用，同时也介绍了配电带电作业机器人在配电网不停电检修作业中的应用案例。凝练可借鉴的经验，保证了教材的针对性和实用性；以现场检修为核心，紧密结合国网江苏省电力有限公司及其他相关地区配电网不停电作业情况，系统总结装备工具、检修技术、试验方法、优秀案例等，使读者可快速了解、掌握配电网不停电检修处理技术；全书数表结合、图文并茂，运用大量数据和图表，准确而直观地反映案例地区的具体情况，使读者一目了然，便于参考。

教材编写启动以后，编写组严谨工作，多次探讨，整个编写过程中，凝结编写组专家和广大电力工作者的智慧，以期能够准确表达技术规范和标准要求，为电力工作者的不停电作业提供参考。但电力行业不断发展，电力培训内容繁杂，书中所写的内容可能存在一定的偏差，恳请读者谅解，并衷心希望读者提出宝贵的意见。

编　者

2022 年 11 月

目 录 Contents

习题答案

第一章

本质安全型配电网不停电作业体系

随着经济社会的快速发展和人民生活水平的不断改善，电能应用融入经济社会发展和人民生活的方方面面，大到高铁动力，小到家庭生活用电，以电能为核心动力的能源体系正在逐步替代煤、气、油等一次能源，电能应用正在改变传统的生产生活方式。持续可靠的电能供应就像空气一样，已经成为经济社会高质量发展和人民追求美好生活的必需品。配电网的特点是故障多发、检修施工频繁，传统的配电网停电检修施工方式已经不能适应经济社会发展和人民生活对供电可靠性提出的要求。配电网不停电作业有效缓解了配电网检修、建设施工、新客户接入电网等引起的停电压力，提高了供电可靠性。但由于配电网的特殊性，配电网不停电检修、建设施工等作业存在作业安全风险。构建本质安全型的配电网不停电作业体系，可以在提高供电可靠性的同时，保障作业安全，尤其是确保作业人身安全。

📋 学习目标

1. 了解配电网不停电作业面临的安全问题
2. 掌握影响配电网不停电作业安全的因素
3. 理解本质安全型配电网不停电作业体系
4. 理解构建本质安全型配电网不停电作业体系

知 识 点

一、配电网不停电作业安全

配电网不停电作业是一项集技术、技能和作业人员体能于一身的专业工作，作业环境艰苦、作业工况复杂、作业安全风险高。配电网相地及相间距离小、设备间距狭窄、作业空间有限，作业安全风险始终存在，稍有不慎，就可能引发作业人身安全事故、作业装备安全事故和电网停电事故。

（一）配电网不停电作业现状

应用配电网不停电作业替代停电检修施工，能有效解决配电网业扩接电、检修消缺、电网建设、工程建设施工等配电网停电问题，特别是在政府重点工程建设过程中，可有效化解配合工程建设施工与客户正常生产生活供电的矛盾；在配电网架还未充分完善的情况下，应用配电网不停电作业替代停电检修施工是目前提高供电可靠性的主要手段。

随着配电网计划停电逐步取消以及不停电示范区的推广，配电网不停电作业应用将更加广泛。

（二）配电网不停电作业面临的安全问题

1. 配电网特点

配电网点多面广、分布分散，受雷击、污秽等诸多因素影响，设备故障多发。长期以来，配电网设计施工均基于配电网停电检修施工的作业方式进行，相线对地电气距离只要达到 12.5cm 就满足运行要求，在强对流天气、超设计能力雷击等极端天气条件下，允许配电线路故障跳闸。

2. 配电网不停电作业面临的网架安全问题

（1）作业空间狭小。随着线路廊道的不断收紧，同杆双回、同杆多回架空配电线路的架设不断增加，架空配电线路回路之间、各相导线之间、设备跳引线之间、导线或设备跳引线与"地"电位之间的距离仅能满足运行安全距离。

（2）电气设备布置密集。配电网电气设备布置密集、线间距离、线地距离不能满足配电网不停电作业安全距离要求，按照《配电线路带电作业技术导则》（GB/T 18857—2019）、《10kV 配网不停电作业规范（试行）》的要求，作业应在良好天气下进行，人体应保持对地不少于 0.4m、对邻相导线不少于 0.6m 的安全距离；如不能确保该安全距离时，应采用绝缘遮蔽措施，遮蔽用具之间的重叠部分不得少于 0.15m。

3. 配电网不停电作业面临的队伍安全问题

（1）作业人员技能水平难以适应作业需求。随着供电可靠性要求的不断提高，配电网不停电作业正在快速发展，新进作业人数急骤攀升，短期取证培训后立即上岗现象屡见不鲜，新进人员的技能水平没有从根本上提高，难以适应配电网不停电作业的快速发展。

（2）作业队伍力量与作业需求不匹配。随着配电网不停电作业应用和需求不断攀升，作业队伍力量增长滞后于作业需求增长，导致部分作业人员长期处于超负荷作业状态，容易引发作业人员疲劳作业。

（3）作业队伍管理滞后于作业队伍增长。配电网不停电作业队伍管理力量没有同步跟进，作业队伍管理力量滞后于作业队伍增长。安全、技术、技能的后期培训管理缺失，重业务轻管理的现象突出。

（三）配电网不停电作业安全分析

随着经济社会快速发展，生产生活用电设施的日益普及，生产生活对电力供应的依赖越来越大，对供电可靠性要求越来越高。为提高配电网运行的安全性、可靠性、经济性，需要大力发展配电网不停电作业。

配电网不停电作业是一项需要经过专业培训、持证上岗的职业，作业人员不仅要具备极强的专业能力，使用绝缘材料制作的工具以及按照科学的程序化步骤操作，同时还需采取有效的个人防护和安全措施，才能够有效保障作业人身安全。

随着配电网不停电作业人员队伍、作业项目应用等全面扩张，作业装备鱼龙混杂、缺乏安全作业能力的作业队伍乘虚而入，作业安全风险接踵而至，作业安全事故风险骤增。

二、影响配电网不停电作业安全的因素

配电网不停电作业是一项应业务需要而开展的工作，但直接涉及作业人身安全，对确保作业安全要求高，因此应当对配电网不停电作业的环境及条件进行十分周全的考虑。不仅要考虑一般工作状态，还需要将不停电作业期间可能发生的各种不利状况考虑进去，以提高不停电作业的安全，减少不必要的安全事故。

影响配电网不停电作业安全的因素包括作业人员、工器具及装备、气象条件、管理等，还包括电网结构、杆位路径、线路结构、线路正常负荷电流等与

配电网结构有关的环境因素；上述因素中，作业人员、工器具及装备是决定配电网不停电作业安全的关键因素。全方位、多因素研究作业人员、工器具及装备、环境及条件、管理等影响配电网不停电作业的关键要素，有助于提高配电网不停电作业安全性。

（一）作业人员的因素

作业人员的因素包括作业人员安全意识、技能操作水平、作业习惯、体能、生活习惯、精神状态、团队合作习惯等。

1. 安全意识

安全意识包括个人安全素养（安全文化、安全理念、自我保护意识）、风险识别能力（风险始终存在）、风险评估（风险源、风险点、风险等级）、风险响应和控制（避免风险发生或风险扩大），只要作业没有结束，安全风险始终不会消失。

2. 技能操作水平

技能操作水平包括理论水平、技能等级、实际操作水平、取证及持证情况是否与技能等级相匹配、从业时间、取证时间及相关从业经历、技能熟练程度等，良好的技能操作水平是作业安全的基础和保障。

3. 作业习惯

作业习惯包括执行作业指导书的习惯、作业流程习惯、动作习惯、动作幅度、遵守《电力安全工作规程（配电部分）》等相关规定的行为习惯、自我纠错能力，习惯性违章是配电网不停电作业安全最大的敌人。

4. 体能

体能包括身体素质、健康状况、人员体型、作业姿态及是否存在影响作业安全的其他疾病，疲劳作业容易引发作业安全事故。

5. 生活习惯

生活习惯包括是否存在酗酒、赌博、熬夜等不健康生活习俗，不良生活习俗容易分散作业注意力。

6. 精神状态

精神状态包括性格脾气、沟通交流能力、承认错误的勇气和接受批评指正的态度等，配电网不停电作业人员在岗位上必须精神饱满、注意力集中，容许他人的指导和帮助。

7. 团队合作习惯

团队合作习惯包括是否合群、有无团队意识、能否团队合作等，不争强好胜、不搞个人英雄主义等，配电网不停电作业大都是团队作业，要求成员合拍、不掉队、不离队。

（二）工器具及装备的因素

工器具及装备的因素包括作业工器具和作业机械等作业工具和操作平台。作业工具包括绝缘工具、金属工具、防护工具、检测工具、遮蔽工具、旁路作业设备、工具其他辅助设施等。

作业工具和操作平台配备的完整性决定了作业安全性，作业工具和操作平台的短缺不仅影响作业效率，还会影响作业安全；作业工具和操作平台的操作稳定性（正确操作能及时发现问题，如设备缺陷和安全隐患）、便捷性（操作灵活高效、便于携带）、通用性（工具的操作杆具有通用性，功能在工具头部）影响作业安全、工艺质量和作业人员的身心健康，必要的作业装备是保障作业安全的基础，良好的作业装备是提高作业效率的关键。

1. 绝缘工具

绝缘工具包括绝缘杆式组合工具、绝缘操作杆及延伸诸多绝缘工具，如绝缘锁杆、绝缘杆式断线剪（切刀）、绝缘杆式扎线剪、绝缘杆式夹线钳、绝缘杆式导线剥皮器、绝缘套筒杆、绝缘夹钳、绝缘抱杆、绝缘支撑杆、绝缘紧线器、绝缘保险绳、绝缘传递绳、绝缘横担、绝缘滑轮、绝缘引流线、消弧开关、绝缘支架等；绝缘工具除了有适用电压等级（区分适用电压是 6、10、20kV）及电气性能要求，还有机械性能要求。

2. 金属工具

金属工具包括充电式电动切刀等电动工具［执行《手持式、可移式电动工具和园林工具的安全　第 1 部分：通用要求》（GB/T 3883.1—2014）］、卡线器、绝缘导线剥皮器、导线棘轮切刀、棘轮套筒扳手、支杆固定器、拉杆固定器［执行《带电作业用工具、装置和设备使用的一般要求》（DL/T 877—2014）］等，没有特殊要求。

3. 防护工具

防护工具包括绝缘安全帽、护目镜、绝缘服（上衣）、绝缘裤、绝缘披肩、绝缘袖套、绝缘手套、防护手套、绝缘靴、绝缘鞋、绝缘套鞋等，除护目镜和防护手套没有电气性能要求外，其余防护工具均有适用电压等级和电气性能要求。

4. 检测工具

检测工具包括绝缘电阻表、钳形电流表、相位仪、温度检测仪、湿度检测仪、风速检测仪等，检测工具除了电压、电阻、电流测量范围等常规要求外，附带绝缘杆的检测工具可参照绝缘杆工具的电气性能和机械性能。

5. 遮蔽工具

遮蔽工具包括绝缘毯、不同用途的硬质和软质遮蔽罩、绝缘隔（挡）板、绝缘毯夹、绑扎带等。

6. 旁路作业设备

包括旁路开关、旁路柔性电缆、旁路转接电缆、旁路连接器、电缆绝缘护管、护管接头绝缘罩、电缆对接（T 接）头保护箱、电缆终端保护箱、旁路电缆架空绝缘支架、旁路电缆输送滑轮、输送滑轮对接绳、电缆牵引工具（牵头用、中间用）、电缆送出（导入）轮、导线轮杆上固定器、输送绳、MR 连接器、固定（中间固定）工具、紧线工具、线盘固定工具、余缆工具、电缆绑扎带等。旁路开关、旁路柔性电缆等主要技术参数包括额定工作电压、电流。

（三）配电网结构等环境因素

环境是配电网不停电作业最基本条件，配电线路点多面广、分布分散，导致配电网不停电作业环境条件复杂多变，不同的环境条件影响作业方法甚至决定作业能否安全开展，环境因素对配电网不停电作业的开展影响较大。环境因素包括作业车辆能否到达作业位置、作业现场特种作业车辆的回旋作业空间，还包括配电网结构、杆位路径、线路结构、线路正常负荷电流等。电网结构包括线路长度、导线截面、配电网结构中的单辐射线路和联络线、满足"手拉手下的 $N-1$"联络与负荷转供比例等；杆位路径影响绝缘斗臂车等特种车辆能否到达，进入作业位置；线路结构包括同杆回路数、导线排列方式、设备布置方式、防雷措施，配电网自动化、压变、计量装置等辅助设施等，占用作业空间大小的设备和线夹金具等；线路负荷电流包括正常负荷电流、最大负荷电流等。

（四）管理的因素

管理的因素包括适用配电网不停电作业的国家行业技术标准、规章制度等。

1. 配电网不停电作业的国家行业技术标准

配电网不停电作业的国家行业技术标准因素内容包括最新规程规范的适用范围（输电、变电、配电以及交流、直流）、适用条件、优先等级。

（1）电力安全工作规程、技术管理制度。包括《电力安全工作规程　电力线路部分》（GB 26859—2011）、《10kV 配网不停电作业规范（试行）》、《电力安全工作规程（配电部分）》等。

（2）基础性标准。包括《配电线路带电作业技术导则》（GB/T 18857）、《配电线路旁路作业技术导则》（GB/T 34577）、《带电作业用绝缘工具试验导则》（DL/T 878）、《带电作业工具、装置和设备预防性试验规程》（DL/T 976）、《带电作业绝缘配合导则》（DL/T 876）、《电工术语　带电作业》（GB/T 2900.55）、《带电作业工具、装置和设备质量保证导则》（DL/T 972）、《带电作业工具、装置和设备使用的一般要求》（DL/T 877）、《带电作业工具基本技术要求与设计导则》（GB/T 18037）、《架空配电线路带电安装及作业工具设备》（DL/T 858）、《带电作业工具库房》（DL/T 974）、《10kV 旁路作业设备技术条件》（Q/GDW 10249）、《10kV 电缆线路不停电作业技术导则》（Q/GDW 710）等。

（3）个人安全防护类标准。包括《带电作业用绝缘手套》（GB/T 17622）、《带电作业用防机械刺穿手套》（DL/T 975）、《带电作业用绝缘袖套》（DL/T 778）、《带电作业用绝缘鞋（靴）通用技术条件》（DL/T 676）等。

（4）基础材料类标准。包括《带电作业用空心绝缘管、泡沫填充绝缘管和实心绝缘棒》（GB 13398）、《带电作业用绝缘绳索》（GB/T 13035）等。

（5）绝缘工具类标准。包括《带电作业用绝缘斗臂车使用导则》（DL/T 854）、《带电作业用绝缘绳索类工具》（DL/T 779）、《带电作业用绝缘滑车》（GB/T 13034）、《交流 1kV、直流 1.5kV 及以下电压等级带电作业用绝缘手工工具》（GB 18269）、《10kV 带电作业用消弧开关技术条件》（Q/GDW 18110）等。

（6）绝缘遮蔽用具类标准。包括《带电作业用绝缘毯》（DL/T 803）、《带电作业用导线软质遮蔽罩》（DL/T 880）、《带电作业用绝缘罩》（GB/T 12168）、《带电作业用绝缘垫》（DL/T 853）等。

（7）其他工具类标准。包括《带电作业用便携式核相仪》（DL/T 971）、《便携式接地和接地短路装置》（DL/T 879）、《电容型验电器》（DL/T 740）等。

2. 规章制度

（1）企业规章制度。包括劳动纪律奖惩规定、请假制度等。

（2）安全管理。包括安全学习、教育培训，违章记分及考核，事故考核等。

（3）工器具管理。包括工器具登记台账及试验台账、日常检查与监督考核等。

（4）作业现场管理。包括现场勘查制度（含作业前现场复勘）、工作票制度、工作许可制度、工作监护制度、工作间断与转移制度、工作终结制度。

（5）绩效管理。包括量化到班组、个人的绩效考核制度，充分体现劳动的价值和多劳多得的激励机制。

三、本质安全型配电网不停电作业体系

（一）本质安全型员工

想安全、懂安全、会安全、能安全，即具有强烈的安全意识，掌握专业安全知识和安全技能，能自觉遵守规章制度，能主动创造安全环境，能正确执行操作任务，能有效控制个人风险。

严格遵循从业员工先培训后持证上岗的流程，但培训不等于发证，发证不等于具备上岗操作能力，把好从业人员准入关、考核关，确保持证的从业人员具有相应的作业理论知识和实际操作技能。

1. 具备扎实的电气安全知识

熟悉电气安全知识、配电线路电气知识和施工工艺，能独立准确辨识不同作业项目、不同作业环节的动态作业安全风险，掌握预防作业安全风险的各项技术措施，不违章、不违规。

2. 具备过硬的操作技能

熟练掌握各项工具操作要领和各项工具性能、工况、适应环境条件，结合作业实际需要安全操作各项工具，针对不同作业环境条件，选择既安全又高效的作业方法和作业工具。

3. 熟悉各项作业操作流程

熟悉不同作业项目的作业流程，能独立完成作业项目的作业流程编写和作业指导书编制，在作业过程中按照作业流程先后顺序，熟练操作完成作业项目。

（二）本质安全型工器具及装备

配置的作业工器具及装备电气绝缘和机械性能优良，操作轻便且安全性稳定，满足作业现场场景需求，日常维护保养良好，定期检测试验引用标准和试验方法得当，试验结果合格。

1. 配置的作业工器具及装备数量足够

根据作业需要，配置的作业工器具及装备规格齐全、数量充足。结合地形特点和作业实际需求，按照地县差异化配置，县级供电企业配电网不停电作业项目部可根据当前或潜在作业需要,配置四大类 33 个作业项目（南网分三大类，41 个作业项目）中的大多数作业装备，不强求配置项目的所有装备；地区级供电企业配电网不停电作业中心宜配置所有作业项目的作业装备；同时不强求作业方法的单一、统一，绝缘杆作业法、绝缘手套作业法、综合不停电作业法等三种作业方法根据作业实际需要开展，不搞作业方法和作业工器具及装备配置

的一刀切。

2. 配置的作业工器具及装备维护保养得当

配置的作业工器具及装备技术资料和使用说明书齐全、日常维护保养得当，绝缘工器具等工器具及装备存放在规范的库房内，不停电作业工具库房应满足《带电作业工具库房》（DL/T 974—2018）的规定。

3. 配置的作业工器具及装备检测试验正常

配置的作业工器具及装备应按 DL/T 976、GB/T 12168、GB/T 13035、GB/T 13398、GB/T 17622、DL/T 676、DL/T 740、DL/T 803、DL/T 853、DL/T 878、DL/T 880、DL/T 1125、DL/T 1465 等执行检测试验，试验引用标准规范、试验方法正确、试验数据正常，且在试验合格有效期内。

4. 配置的作业工器具及装备运输规范

配置的作业工器具及装备，在运输过程中，绝缘工具应装在专用工具袋、工具箱或专用工具车内，以防受潮和损伤；绝缘工具在运输中应防止受潮、淋雨、暴晒、碰撞等。

（三）本质安全型作业环境与网架

架空配电线路路径以杆位靠近道路、公路等方便作业车辆机械到达作业位置为佳，作业场地满足根据作业项目确定的作业方法及作业机械进入并能到达作业位置，机械操作场地和空间回转余地大，作业空间满足不同作业方法操作，网架分段合理、联络率高且具备负荷快速转移或临时转供接入条件；需要动用吊车或发电车的作业环境满足车辆停放等。

（1）网架满足"手拉手"和"$N-1$"条件，具备联络、转供。

（2）网架满足移动电源车快速临时接入条件。

（3）同杆架设架空配电线路回路数不大于 2，且相线与相线之间、相线对地电位之间、设备接引线与相线之间、设备接引线与地电位之间等距离满足：作业应在良好天气下进行，人体应保持对地不少于 0.4m、对邻相导线不少于 0.6m 的安全距离。

（4）根据当前影响配电网不停电作业开展环境与网架问题，编制应用《配网不停电作业友好型 10kV 架空线路技术导则》，从设计、施工源头消除影响配电网不停电作业的环境与网架瓶颈，以更加有利于配电网不停电检修的配电网典型设计，适应配电网不停电检修的常态化开展。

（四）本质安全型企业管理与企业文化

规章制度完整且有效，企业文化促进员工积极向上，企业发展氛围浓厚。

1. 标准规范"一类一档"

最新的国家标准、行业标准、企业标准、规程规范，按照类别分别建档保存。

2. 作业项目"一项一册"

一个作业项目编制独一无二的作业指导书，内容包括采用作业方法、作业人数、使用作业工具名称及数量、是否停用重合闸、作业的危险点分析及防控措施等。

3. 作业人员"一人一档"

作业人员从业经历、取复证时间及证书类别、培训记录、担任工作票签发人或工作负责人或安全员任职时间、参与大型复杂作业项目经历及担任角色、体能及身体素质、心理素质、生活习惯、日常表现及学习培训、考核记录等。

4. 工器具及装备"一具一册"

工器具及装备的供应商、产品技术参数及使用说明书、供应入库时间、库房编码、检修及检测试验记录、检测试验单位及试验报告、使用记录、维修保养及异常记录等。

5. 各职人员职责清晰

工作票签发人、工作负责人、工作许可人（简称"三种人"）安全责任清晰、作业人员分工明确、作业界面简单明了、作业指导书完整且审批手续完整、作业流程规范清晰、作业过程安全。

四、构建本质安全型配电网不停电作业体系

以全面提升人的安全素养、全面提升安全管理精益水平、全面激活基层组织与员工活力为出发点，建立本质安全人本管理模式、本质安全风险预控体系、本质安全优秀企业文化，实现作业人员、工器具及装备、环境及条件、管理的高度整合，追求作业零违章、安全零事故，构建本质安全型配电网不停电作业体系。

（一）本质安全型配电网不停电作业队伍的基本要求

1. 作业人员业务技能无短板

熟悉并掌握《电力安全工作规程　电力线路部分》（GB 26859—2011）、《电力安全工作规程（配电线路）》及配电网不停电作业理论知识、配电线路施工工艺，熟练配电线路登高作业及操作技能；熟悉并掌握紧急救护法；熟悉并掌握配电网不停电作业各种作业工器具及装备使用性能，熟练操作配电网不停电作

业各种作业工器具及装备；熟练掌握作业现场勘查要点，并结合现场勘查结果，合理确定作业方法、作业人数和作业工具，准确分析作业危险并提出作业安全风险防控措施，正确编写项目作业指导书；按照项目作业指导书，严格执行项目作业流程；按照作业角色分工，服从统一指挥，配合作业团队安全高效完成作业。

2. 作业工器具及装备无缺陷

工器具规格型号和具体数量满足作业要求，工器具及装备的使用说明书保存完整；管理落实到人；工器具定位放置，库房符合标准要求；工器具的电气绝缘性能、机械性能满足要求；检测试验引用标准和试验方法正确，试验数据完整无异常；运输过程符合规定要求；作业人员能够熟练操作。

3. 管理无漏洞

适用配电网不停电作业的国家行业技术标准、规程规范等配置齐全且按类归档；规章制度完整且有效；各职人员职责清晰；作业流程规范，作业人员分工明确，安全责任清晰，作业界面简单明了；作业指导书完整且审批手续完整；企业文化促进员工积极向上，企业发展氛围浓厚。

4. 作业环境无盲区（全方位适应）

作业装备及特种作业车辆能够到达作业位置；无不满足开展配电网不停电作业的线路结构和导线排列方式等否决性条件环境。逐步建立以配电网不停电作业为主流作业手段的配电网检修施工体系，在配电网设计、施工时优先满足配电网不停电作业的要求，方便配电网不停电作业开展。

（二）夯实配电网不停电本质安全基础

1. 夯实作业人员操作技能基础

以"三不"检视班组建设，即班组不固定作业分工、不固定作业项目、不固定作业类别；以"三全"培养作业人员，即全方位适应作业需要、全业务熟练掌握操作技能、全过程参与班组建设管理；通过作业角色的轮换，夯实作业人员知识技能水平，做到基础知识滚瓜烂熟、基本操作手到擒来。

对于新进人员，以基础、基本功衡量作业人员技术技能水平，除了"一对一师徒结对""人人过关"考试考核外，还要定期开展跟班考核、培训学习考核、复证升证考核、适岗考核、担任工作票"三种人"等专项考核，确保作业人员具备上岗作业能力。

2. 充实完善工器具及装备

按照作业发展规划和作业实际需求，在数量上适度超前配置作业工器具及装备，在技术参数和装备性能上突出作业工器具及装备的安全稳定性、操作便利性、现场实用性，提高作业工艺质量和作业效率，减轻作业人员劳动强度，保障作业安全。相关绝缘遮蔽及防护用具选用重量轻、适用性广、便于操作的产品。

新工器具或首次使用的工器具，须在使用前组织开展操作培训，确保作业人员能正确使用工器具并掌握操作步骤。

对损坏或报废的工器具，要跟踪分析找出原因，特别是未到报废使用期限的工器具，要分析报废原因，重点查找有无使用方法不当等原因。

3. 规范管理、强化监督

（1）规范作业的日常管理。按照作业难易程度、作业时长和劳动强度，设定作业班组每天作业次数的上限，预防作业人员疲劳作业。相关规章制度、作业指导书、作业流程等管理制度要因地制宜，一般在 3 年左右进行适应性校验，并经审核审批后再执行。

（2）强化作业安全督查。除全面督查复杂项目、作业多班组配合作业项目外，定期或不定期开展作业现场安全巡查，突出查规章制度执行、查工作票和工作许可制度执行、查作业指导书和作业流程执行、查安全交底和班后会执行、查作业工器具检查与维护、查工器具在现场使用操作等，确保作业全过程安全。

（三）强化配电网不停电技术支撑

（1）建立健全专家支撑团队。建立健全配电网不停电作业专家团队，指导帮助一线作业班组解决作业过程中遇到的技术问题，做好作业新项目开发的技术支撑，促进配电网不停电作业良性健康有序发展。

（2）建立教练专业培训队伍。建立教练团队，指导、帮助、培养配电网不停电作业专业人才，特别是新进人员、转复杂证人员和高技能人才；组织开展岗位练兵和技能操作比武。

（3）强化新技术、新工器具及装备学习培训。重视新技术、新工器具及装备学习培训。

（4）以用促学、以学助用。

（四）落实配电网不停电专业管理

1. 安全管理，关口前移

配电网不停电作业安全管理的灵魂是"预防为主"，关口前移是安全管理的有效手段。配电网不停电作业安全风险瞬息万变，不同作业人员、不同作业项目、同一作业项目不同作业环节的作业风险是动态变化的。紧盯作业违章是配电网不停电作业安全管理的突破口，按照海因法则与墨菲定律，违章与事故的关系一目了然。要杜绝配电网不停电作业安全事故，必须杜绝作业过程中作业人员的违章行为、作业工器具管理上的违章和规章制度等管理性违章。

2. 技术服务，突出应用

配电网不停电作业技术服务的核心是作业应用与深化，配电网不停电作业技术的生命力在于深化应用。深化配电网不停电作业技术应用就是将配电网不停电作业技术转化为配电网生产力，让配电网不停电作业发挥在业扩接电、运维检修消缺、配电网工程建设施工等生产、建设和政府重点工程领域上的作用。

3. 规范管理，重视日常

检验管理规范与否，重点在日常工作。作业人员取证上岗记录、担任"三种人"时间及担任"三种人"经历、操作技能等级水平、违章及扣分、安全记录、作业工器具性能技术参数及使用说明书、作业指导书、施工方案、作业流程，现场勘查记录、作业工作票、作业工器具试验报告、工器具及车辆库房的物件摆放与卫生等，作业人员精神状态、车辆状态等均反映日常管理工作。规范的管理，是保障作业安全的前提和基础。

本质安全型配电网不停电作业体系需要夯实本质安全型作业人员的基本功，筑牢工器具及装备管理上的防线，堵塞管理漏洞，以作业全过程安全为导向，以创建友好型适应配电网不停电作业的配电网架为基础，以安全培训促作业安全，以技术服务促作业能力提升，才能夯实配电网不停电作业本质安全基础。

习　题

简答：配网不停电作业面临的安全问题？

第二章

常用工器具与装备

　　不停电作业工器具与装备是指用于实施各类不停电作业项目，同时防止发生人员触电、电弧灼伤、高空坠落等人身伤害，保障作业人员在工作时人身安全的各种专门用具和装备。本章主要包含常用工器具介绍、常用仪器仪表介绍以及常用工器具及装备的试验三部分内容。

第一节　常用工器具介绍

 学习目标

　　1. 了解带电作业工器具常用材料以及常见的绝缘遮蔽工具、个人绝缘防护用具、硬质绝缘工具、软质绝缘工具
　　2. 正确选择并使用带电作业工器具

知 识 点

一、带电作业工器具常用材料

带电作业工器具常用材料可分为绝缘材料和金属材料。

1. 绝缘材料

带电作业用绝缘材料应具备电气性能优良、机械强度高、重量轻、吸水性低、耐老化、易于加工等特点。目前我国带电作业用绝缘材料大致分为以下几种：

（1）绝缘板材：包括硬板和软板。一般选择 3240 环氧酚醛玻璃布板、聚氯乙烯板、聚乙烯板等材料。

（2）绝缘管材：包括硬管和软管。一般选择 3640 环氧酚醛玻璃布管、带或丝的卷制品。

（3）塑料薄膜：如聚丙烯、聚乙烯、聚氯乙烯等塑料薄膜。

（4）橡胶：天然橡胶、人造橡胶、硅橡胶等。

（5）绝缘绳：天然脱脂蚕丝、人工化纤丝编织的，如尼龙绳、绵纶绳和蚕丝绳，其中包括绞制、编织圆形绳及带状编织绳。

（6）绝缘油、绝缘漆、绝缘黏合剂等。

2. 金属材料

带电作业用金属材料必须是机械强度高、重量轻、耐腐蚀、易加工的优质材料。目前我国带电作业使用的金属材料大致有下列几种：

（1）铝合金：航天使用的铝合金材料，一般为板材、加工各种卡具等。

（2）钛合金：强度比铝合金更高、重量更轻。价格较高，适用于加工特高压各种卡具。

（3）高强合金钢：高强度合金钢，用于强度较高的工具部件。

二、常用工器具分类

根据工作性质和内容，带电作业常用工器具主要分为绝缘遮蔽工具、个人绝缘防护用具、硬质绝缘工具、软质绝缘工具。

1. 绝缘遮蔽工具

绝缘遮蔽工具采用绝缘材料制作，用于对运行中的电气设备及构件进行绝缘遮蔽或隔离防护。绝缘遮蔽工具一般不起主绝缘作用，只适用于带电作业人员发生意外短暂触碰时，起绝缘遮蔽、隔离的保护作用，适用于配电线路及以下电力设备。

（1）导线遮蔽罩。导线遮蔽罩主要用于遮蔽包裹带电导线，目前进口的绝缘等级最大为 2 级。常用工具中以进口为主，国产为辅。图 2-1 为导线遮蔽罩。

（2）绝缘子遮蔽罩。绝缘子遮蔽罩主要用于遮蔽绝缘子，目前绝缘等级最大为 2 级。图 2-2 为针式绝缘子遮蔽罩。

（3）电杆遮蔽罩。电杆遮蔽罩主要遮蔽电杆，目前绝缘等级最大为 2 级。图 2-3 为电杆遮蔽罩。

图2-1　导线遮蔽罩

图2-2　针式绝缘子遮蔽罩

图2-3　电杆遮蔽罩

（4）跌落式断路器遮蔽罩。跌落式断路器遮蔽罩主要遮蔽跌落式开关，目前绝缘等级最大为2级。图2-4为跌落式断路器遮蔽罩。

图2-4　跌落式断路器遮蔽罩

（5）绝缘隔板。绝缘隔板采用绝缘板材制成，用于隔离带电部件，限制作业人员活动范围，防止人员触电。图2-5为绝缘隔板。

图2-5　绝缘隔板

（6）绝缘毯。绝缘毯主要用于遮蔽包裹各种设备，是绝缘遮蔽用具中最为方便、适用性最广的工具。图 2-6 为绝缘毯与绝缘毯夹。目前国内科研单位根据国家标准要求和现场工作使用情况，研制出防水树脂绝缘毯，其柔性更好，2 级厚度小于 2.0mm，3 级厚度小于 2.5mm，目前已生产出绝缘等级 2 级、3 级的绝缘毯。

(a) 绝缘毯　　　　　　　　　　　　　　(b) 绝缘毯夹

图 2-6　绝缘毯与绝缘毯夹

（7）横担遮蔽罩。横担遮蔽罩主要遮蔽横担，目前绝缘等级最大为 2 级，即 10kV 及以下使用。

（8）套管遮蔽罩。套管遮蔽罩主要遮蔽套管，目前绝缘等级最大为 2 级，即 10kV 及以下使用。

（9）变压器高压桩头遮蔽罩。变压器高压桩头遮蔽罩用于在变压器低压侧进行低压不停电作业时，对安全距离不足的高压桩头进行遮蔽，保证作业安全。

2. 个人绝缘防护用具

个人绝缘防护用具是指保护作业人员在接触带电体时免受伤害的绝缘防护用具。

（1）绝缘披肩。绝缘披肩由橡胶材料制成，用于在电气设备上工作时，防护作业人员手臂、手肘、肩部，目前绝缘等级最大为 3 级。绝缘披肩如图 2-7 所示。

图 2-7　绝缘披肩

（2）绝缘鞋（靴）。绝缘鞋（靴）由橡胶材料制成，用于在电气设备上工作时，对作业人员足部的辅助绝缘防护，对作业人员小腿、脚进行防护，防止触电伤害，目前绝缘等级最大为 3 级。绝缘靴如图 2-8 所示。

图 2-8　绝缘靴

（3）绝缘安全帽。绝缘安全帽用于防护作业人员头部，目前绝缘等级最大为 3 级。绝缘安全帽如图 2-9 所示。

（4）绝缘手套。绝缘手套用于配电线路带电作业或高压设备操作时对手部的辅助绝缘防护，起到防护作业人员手部，并兼备操作功能，由橡胶制成，具有良好的电气性能和较高的机械性能。绝缘手套如图 2-10 所示。

图 2-9　绝缘安全帽　　　　　图 2-10　绝缘手套

3. 硬质绝缘工具

硬质绝缘工具是指在高压电气设备上进行带电操作的绝缘用具，包括绝缘杆、支杆、拉杆等，由环氧玻璃丝棒、管制成，绝缘等级可根据有效绝缘长度而确定，适用范围很广，基本上均为国产。

（1）绝缘操作杆。绝缘操作杆由绝缘管（棒）和杆头工作部件两部分组成，用于短时间对带电设备进行操作，如接通或断开高压隔离开关、跌落熔丝等，通常由环氧玻璃丝棒制成。绝缘操作杆如图 2-11 所示。

图2-11　绝缘操作杆

（2）多功能组合式绝缘支撑杆。在配电线路带电作业中，多功能组合式绝缘支撑杆用于对断开引线进行固定，保证相间足够安全距离，防止由于引线摆动造成的接地故障或短路故障。该工具能够减轻带电作业人员工作强度，增强带电作业安全性，降低作业难度，提高作业效率，如图2-12所示。

（3）单线固定锁杆。单线固定锁杆由绝缘管材制成，具有金属工具头，对单相引线进行锁止、固定，防止由于引线摆动造成的接地故障或短路故障，增强带电作业安全性。单线固定锁杆如图2-13所示。

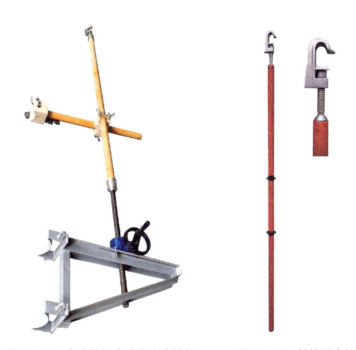

图2-12　多功能组合式绝缘支撑杆　　　图2-13　单线固定锁杆

4. 软质绝缘工具

在软质绝缘工具中，使用最广泛的是绝缘绳。绝缘绳可用作运载工具、攀登工具、吊拉绳、连接套及保护绳等。绝缘绳多以脱脂蚕丝绳为材料，脱脂蚕丝在干燥状态时具有良好的电气绝缘性能，应特别注意避免受潮。

习 题

1. 单选：带负荷更换跌落式熔断器作业时，由于跌落式熔断器的间距较小，可以装设（   ）来限制作业人员的活动范围。

A. 绝缘包毯　　　　　　　　B. 绝缘套管

C. 跌落式熔断器遮蔽罩　　　D. 绝缘隔板

2. 单选：带负荷更换跌落式熔断器，安装绝缘引流线后按既定工序，应（   ）。

A. 直接用手拉开跌落式熔断器

B. 通过绝缘操作杆拉开跌落式熔断器

C. 确认负荷转移正常后，直接用手拉开跌落式熔断器

D. 确认负荷转移正常，通过绝缘操作杆拉开跌落式熔断器

3. 多选：在高压回路上使用钳形电流表进行测量时，作业人员应采取（   ）的安全措施。

A. 穿绝缘鞋（靴）或站在绝缘垫上

B. 戴绝缘手套

C. 不触及其他设备

D. 观测钳形电流表数据时，应注意保持头部与带电部分的安全距离

第二节　常用装备介绍

学习目标

1. 了解带电作业工器具常用装备

2. 能够正确使用绝缘斗臂车、旁路布缆车等装备，并能根据需求制定相应装备的试验计划

知识点

一、绝缘斗臂车

绝缘斗臂车在 20 世纪早期，随着欧美国家带电作业的起步开始研发，50

年代后期逐步在发达国家得到广泛应用，我国在改革开放后开始大量装备。

根据作业环境的不同，配电网带电作业用绝缘斗臂车在发展过程中，根据工作臂形式的不同逐渐衍生出折叠臂式、直伸臂式、混合臂式等多种型号；根据作业底盘的不同又可分为常规底盘式、无支腿式和履带式。

常规绝缘斗臂车主要由汽车底盘、绝缘斗、工作臂、斗臂结合部组成。绝缘臂采用玻璃纤维增强型环氧树脂材料制成，绕制成圆柱形或矩形截面结构，具有自重轻、机械强度高、电气绝缘性能好、憎水性强等优点，在带电作业时为人体提供相对地之间绝缘防护。绝缘斗有单层斗、双层斗两种，外层斗一般采用环氧玻璃钢制作，内层斗采用聚四氟乙烯材料制作，绝缘斗具有高电气绝缘强度，与绝缘臂一起组成相与地之间的纵向绝缘，使整车的泄漏电流小于500μA。绝缘斗臂车上下部都可进行液压控制。作业过程当中上部斗中的作业人员直接进行操作，升空便利、换位灵活；应急处理或空斗试操时可由下部驾驶台完成。绝缘斗臂车见图2-14。

图2-14　绝缘斗臂车

（一）用途

绝缘斗臂车一方面作为承力工具，可将人员或满足载重要求的工器具提升至指定作业工位；另一方面作为绝缘平台，可将作业人员与大地进行有效的绝缘隔离，提供相对低之间的主绝缘。在国网公司规范的四大类不停电作业项目当中，绝大多数可借助绝缘斗臂车完成。

随着智能化带电作业机器人的出现，绝缘斗臂车也是其主要安装平台之一。

（二）主要技术性能要求

1. 工作条件

（1）风速不超过10.8m/s。

（2）环境温度为 −25～+40℃。

（3）相对湿度不超过 90%。

（4）对海拔 1000m 及以上地区要求：

1）斗臂车所选用的底盘动力应适应高原行驶和作业，在行驶和作业过程中不会熄火。

2）海拔每增加 100m，绝缘体的绝缘水平应相应增加 1%。

（5）地面坚实、平整，作业过程中支腿不下陷。

（6）转台平面处于水平状态。

2. 工作性能

（1）整车要求。

1）作业斗在额定载荷下起升时应能在任意位置可靠制动，制动后 15min 作业斗下沉量不应超过该工况作业斗高度的 3‰（不包括温度的影响）。

2）斗臂车各种机构应保证作业起升、下降作业时动作平稳、正确、无爬行、振颤、冲击及驱动功率异常增大等现象，微动性能良好。

3）作业斗的起升、下降速度不应大于 0.5m/s。

4）斗臂车回转机构应能进行正反两个方向回转或 360°全回转。回转时，作业斗外缘的线速度不应大于 0.5m/s。

5）回转机构作回转运动时，起动、回转、制动应平稳、正确，无抖动、晃动现象，微动性能良好。

6）斗臂车在行驶状态下，应确保各支腿可靠地固定在规定位置，支腿应配合间隙和液压元件内泄漏等引起的最大位移量：蛙式支腿不应大于 10mm；H 或 Y 支腿不应大于 3mm。

7）斗臂车在行驶状态时，回转部分不应产生相对运动。

8）斗臂车各节臂架（伸缩臂式）在组装后，应具有适量的上挠度，其上部间隙平均值不应大于 3mm，侧向单面最大间隙不应大于 2.5mm。

9）斗臂车各节臂架的刚度要求：额定载荷时，臂架的挠度变化量不应大于该臂架长度的 2%。

10）斗臂车液压系统应装有防止过载和液压冲击的安全装置。安全溢流阀的调整压力，不应大于系统额定工作压力的 1.1 倍。

（2）绝缘工作斗要求。

1）绝缘工作斗的电气绝缘性能应符合规定。

2）绝缘工作斗的表面平整、光洁，无凹坑、麻面现象，憎水性强。

3）绝缘工作斗的高度宜在 0.9～1.2m。

4）绝缘工作斗上应醒目注明作业斗的额定载荷量。

二、旁路作业车

旁路作业车是指旁路电缆、旁路开关的运输和存储车辆，一般配置有电动放线装置。箱体内的各电气设备及整车具有可靠的保护和工作接地连接网络，整车配置充足可靠的接地线缆和接地钎等设备，并设置方便操作的接地连接点；车厢前部为设备区，设有设备柜，放置旁路设备及相关器材；后部为电缆线轴布置区，可同时存放运输 18 轴，共计 900m 旁路电缆。车厢后部主要空间安装电缆自动收放装置，前面其余空间承载 300 余件旁路作业辅助设备：旁路电缆、T 形接头、中间直通接头、滑轮、连接绳、电缆牵引工具、输送绳、固定工具、缆盘固定工具、紧线工具、旁路开关等。旁路作业车见图 2-15。

图 2-15 旁路作业车

三、移动箱变车

移动箱变车主要由车载变压器、中压开关柜、低压开关柜及旁路电缆组成，可实现无电区域临时供电，不停电更换变压器等功能。移动箱变车见图 2-16。

图 2-16 移动箱变车

1. 车辆结构及作业原理

（1）移动箱变车结构示意图如图 2-17 所示。

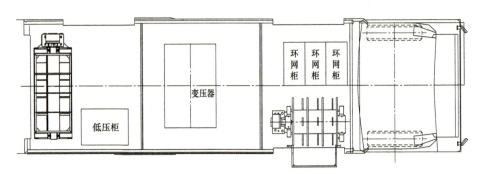

图 2-17　移动箱变车结构示意图

（2）移动箱变车一次接线图如图 2-18 所示。

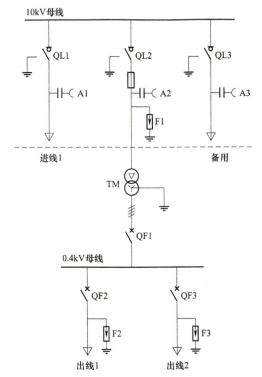

图 2-18　移动箱变车一次接线图

（3）作业原理。变压器并列运行的基本条件：

1）变压器应联结组标号相同。

2）变压器的电压比应相等，其电压比最大允许相差±0.5%。

3）变压器阻抗电压百分比应相等，允许相差不超过±10%。

4）变压器容量比不超过3:1。

因变压器并列运行时阻抗电压和额定容量的大小只涉及负载的分配，当移动箱变车只应用于短期的并列运行时可忽略阻抗电压要求，容量要求降低为不低于实际负载需求即可。若需与其他变压器长期并列运行，必须严格满足上述要求。

移动箱变车中的变压器参数可通过铭牌查取，见图2-19所示。

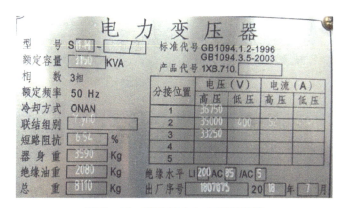

图2-19 移动箱变车变压器铭牌

四、移动环网柜车

移动环网柜车内部集成了环网柜和一整套检测、保护、控制系统，并配备了多组进出线快速接口，最多可以接入两回进线四回出线。移动环网柜车见图2-20。

图2-20 移动环网柜车

五、工器具库房车

工器具库房车是指不停电作业工器具运输和临时存储用车。解决不停电作业工具因运输和长时间外出受潮所带来的安全隐患，尤其是防止高湿地区外出带电作业工具受潮，从而杜绝事故隐患，更机动快捷的开展带电作业工作。工器具库房车见图 2-21。

图 2-21　工器具库房车

六、低压电源车

低压电源车一般为柴油机组低压发电车辆，可作为临时电源为无电或故障区域临时供电，也可与储能装置、UPS 装置配合实现对重要用户的保电。低压电源车见图 2-22。

图 2-22　低压电源车

七、10kV 发电车

目前市面的 10kV 发电车主要由车载发电机组、中压开关柜及旁路电缆组成，一般可实现单机（发电车停电接入发电）、并机（并机停电接入发电）、单机并网（带电接入发电）及多机并网（并机带电接入发电）等多种发电方式，通过操作控制系统来实现功能转换。

（1）10kV 发电车示意图及一次接线图分别如图 2-23 和图 2-24 所示。

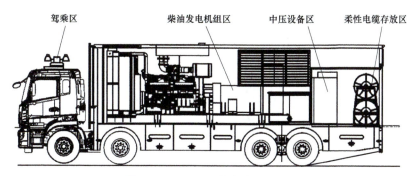

图 2-23　10kV 发电车示意图

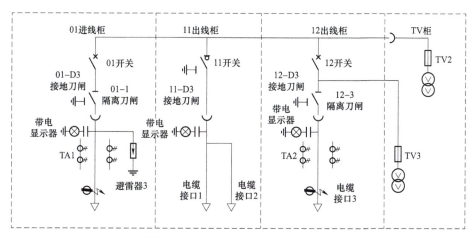

图 2-24　10kV 发电车一次接线图

（2）作业原理。作业时，01 进线柜为发电机组接入仓位，11 出线柜为负载输出仓位，12 出线柜为市电输入仓位。通常情况 01 进线柜和 12 出线柜具备电气信号采集功能，在电气信号参数对比一致，开关两侧电压、相位、频率等因素满足相应条件的情况下，通过相应开关的操作实现旁路系统与运行的"合环"和发电机组与正常运行中的配电网实现"同期并网"。

（3）10kV 发电车开关柜功能介绍。10kV 发电车开关柜如图 2-25 所示。

1）压力表：显示气室气压，若指针在绿色区域内，则表明器内 SF_6 气体压力在规定的范围内；若指针在红色区域内，则表明器内 SF_6 气体压力低于规定的范围，应当补气或检查容器是否有泄漏发生。

2）远程/就地切换：远程为机组控制屏控制，就地为环网柜本体控制。

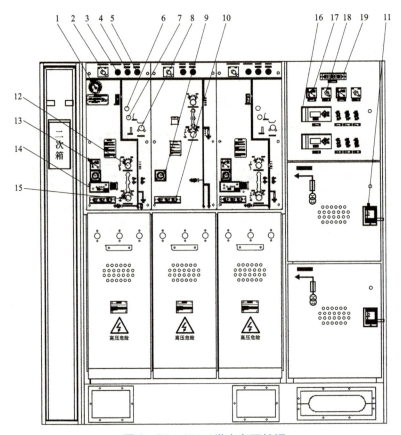

图 2-25 10kV 发电车开关柜

1—压力表；2—远程/就地切换；3—故障指示灯；4—合闸按钮/分闸指示；5—分闸按钮/合闸指示；6—分闸旋钮；
7—合闸旋钮；8—弹簧储能；9—温湿度监控仪；10—带电指示；11—户内电磁锁；12—隔离开关；13—电流表；
14—接地开关；15—故障指示器；16—微机综合保护装置；17—电压表；18—三相电压切换旋钮；19—带电指示

3）故障指示灯：柜体故障报警。

4）合闸按钮/分闸指示：本地带电合闸按钮与分闸指示灯。

5）分闸按钮/合闸指示：本地带电分闸按钮与合闸指示灯。

6）分闸旋钮：机械储能式手动分闸旋钮。

7）合闸旋钮：机械储能式手动合闸旋钮。

8）弹簧储能：用于手动储能。

9）温湿度监控仪：监控机构温湿度。

10）带电指示：显示电源是否接入开关柜中。

11）户内电磁锁：出线柜、TV 柜门闭锁装置。

12）隔离开关：本地手动隔离开关操作位。

13）电流表：线路电流测量。

14）接地开关：本地手动接地开关操作位。

15）故障指示器：线路故障指示。

16）微机综合保护装置：发电机组及电网电源保护定值设置。

17）电压表：线路电压检测。

18）切换旋钮：三相电压切换旋钮。

19）带电指示：母线带电显示。

（4）10kV发电车使用前的查勘事项。作业前应组织现场勘察，确认满足作业要求，勘察中的注意事项如下：

1）电源车停放位置与架空线的距离，场地坡度应不大于 3°，且地面为水泥路面或经压实的土路。

2）电源车单台（不包含绝缘斗臂车作业区域）停放区域（含安全围栏）长度应不小于 15m、宽度应不小于 3.5m、高度应不小于 4.5m（且应确保电源车排烟口处无遮挡）。

3）作业接入点应选择配置有柱上负荷开关（简称柱上开关）。

4）线路负荷侧总负荷功率。电源车功率为主用 1000kW/备用 1100kW（应充分考虑负荷侧容性、感性负载，过大的负荷突加可能导致电源车机组熄火）。

5）线路负荷侧中的其他发电设备（如太阳能、小水电等），当市电停电后线路负荷侧中的其他发电设备发出的电量大于负荷侧负荷电量时，可导致电源车逆功，严重时会导致发电机损坏。

6）市电的相序，预先验明市电相序，便于后续的电源车接入。

7）作业现场电源车柴油的补给方式及作业空间。电源车提供满功率运行6h 的油箱，当作业时间大于 6h 应评估现场补充燃油的方案。

（5）现场作业接线图。10kV发电车作业接线示意图如图 2-26 所示。

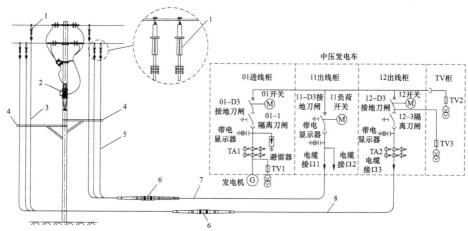

图 2-26　10kV 发电车作业接线示意图

1—旁路电缆引流线夹；2—架空线路柱上开关；3—旁路电缆；4—绝缘支撑横担；
5—旁路电缆；6—旁路电缆中间转换接头；7—旁路电缆；8—旁路电缆

若现场介入电杆为直线杆,可考虑带负荷开耐张加装开关后开展相关作业。

八、UPS应急电源车

UPS应急电源车即不间断电源,是一种装载含有储能装置,以逆变器为主要组成部分的不间断电源恒压电源。其主要作用是通过UPS系统,对重要用电设备可靠而不间断地进行供电。其工作原理为当供电网络输入正常时,UPS将供电网络稳压后供给负载使用,此时UPS的作用相当于一台交流稳压器,同时它还向本机内储能部分供电。当电网供电中断时UPS立即将机内存储的电能通过逆变转换的方法向负载继续供电,使负载维持正常工作。UPS应急电源车见图2-27。

图2-27 UPS应急电源车

九、智能化配网带电作业机器人

智能化配网带电作业机器人(见图2-28)是将智能化装备与配网带电作业基本技术充分融合,借助计算机建模、激光定位等先进手段,通过绝缘机械臂精准动作实现带电作业的特种装备。按功能分为四个模块:

(1)主从操作机械臂。作业动作的实施主体。主从控制精度高、实时性好、持重大、自重小、性能稳定可靠。

(2)机器人专用升降系统。采用目前通用绝缘斗臂车改造,活动空间、绝缘等级参照国标与企业标准。将机械臂运送至线路作

图2-28 智能化配网带电作业机器人

业位置。

（3）工具系统。包括剥皮器、扳手、断线钳、破螺母工具等专用工具，以及接引金具、遮蔽工具等。

（4）绝缘防护系统。保证操作人员与高压电场完全隔离。同时应保证机器人对地绝缘、防止相间短路。

十、带电作业用10kV消弧开关

带电作业用 10kV 消弧开关（见图 2-29）是 10kV 配网电缆线路不停电作业中断、接空载电缆与架空线路连接引线项目使用的主要工具，可以有效保证带电作业人员不受到空载电缆充放电过程产生的电容电流的影响，因此 10kV 带电作业用消弧开关的技术参数、产品质量、使用方法及要求等将直接关系到带电作业人员的安全。

带电作业用消弧开关应具备以下电气性能：

（1）额定电压：10kV。

（2）额定频率：50Hz。

（3）电容电流断合能力＞5A，消弧开关断合操作次数＞1000 次。

（4）开断状态下灭弧室及触头的工频耐压水平：42kV/lmin。

（5）操作杆耐压水平：45kV/lmin，试验长度 0.4m。

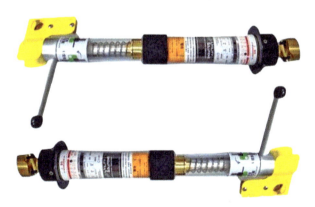

图 2-29　带电作业用 10kV 消弧开关

习　题

1. 简答：简述变压器并列运行的基本条件。

2. 简答：简述移动箱变车的组成。

第三节　常用仪器仪表介绍

学习目标

1. 了解验电器的用途及技术性能要求
2. 了解核相仪的用途及技术性能要求

知识点

配电仪器仪表是用来对线路及设备各种物理量、物质成分、物性参数等进行监测、检测试、探测、检出、测量、观察、计量等处理的仪器设备。

一、验电器

（一）用途

验电器通过绝缘部件直接接触电气设备，用于定性检测电气设备或线路是否带有工作电压，见图 2-30。

图 2-30　验电器

（二）主要技术性能要求

1. 机械性能

（1）验电器绝缘部件最小有效绝缘长度应满足 DL/T 740 中的要求，即 10kV 最小绝缘长度为 0.7m，20kV 最小绝缘长度为 0.8m。

（2）频率特性：在额定频率变化±3%的范围内，验电器应能正确指示。

（3）响应时间：验电器声、光响应时间应小于 1s。

（4）握着力和弯曲度：验电器握着力不应超过 200N。

2. 电气性能

（1）验电器的设计和制造应保证用户在按说明书规定及正确的操作方法使

用时的人身和设备安全。

（2）验电器绝缘部件的材料性能应符合 GB 13398 的规定。

（3）验电器的启动电压不高于额定电压的 45%，不低于额定电压的 10%。

（4）绝缘部件不发生闪络或击穿。

（5）验电器在任何正常验电情况下不应损坏或停止工作。

二、核相仪

（一）用途

核相仪用于探测和指示在相同的额定电压和频率下，两个已带电部位之间的相位关系，常规核相仪见图 2-31。

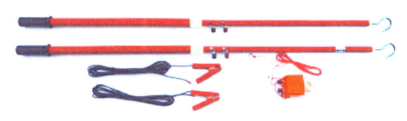

图 2-31　常规核相仪

（二）主要技术性能要求

1. 机械性能

（1）核相仪所指示的不正确的相位关系角误差不应超过 ±10°

（2）核相仪应能清晰地指示不正确的相位关系。

（3）从限位标记到接触电极的最小长度应满足 DL/T 971 中的要求，即 $1kV < U_n ≤ 10kV$，最小长度为 300mm；$10kV < U_n ≤ 20kV$，最小长度为 450mm。

（4）核相仪的设计应使操作便捷可靠，操作杆的握紧力不应超过 200N；测量装置的质量不应超过总质量的 10%。

2. 电气性能

（1）核相仪的设计和制造应保证用户在按说明书规定及正确的操作方法使用时的人身和设备安全。

（2）核相仪绝缘部件的材料符合 GB 13398 的规定。

（3）核相仪接地引线和连接引线应由高压柔软多股电缆制造。核相仪引线的连接部件和引线的绝缘应能耐受 $1.2U_r$（U_r 为负载电压）电压。

（4）使用核相仪进行核相作业时，其泄漏电流不应超过 0.5mA。

（5）当 $1.2U_r$ 的试验电压施加在接触电极之间时，对于电阻型核相仪，通过核相仪本体的最大回路电流不应超过 3.5mA。

（6）当使用者在正常的操作位置及标准光线的情况下，核相仪指示器应能给出清晰易辨的声、光指示。

（7）在正常操作时，其带电部分之间或设备带电部分与地之间不应发生闪络或击穿。

（8）使用核相仪时，绝缘部件不应发生闪络或击穿，核相仪的指示器不应发生火花放电而导致损坏。

（三）无线核相仪的使用

无线核相仪及其操作界面分别如图 2−32 和图 2−33 所示。

（1）自检辨别相位仪器是否良好。先将试验线插入仪表插口，另一端插入 220V 电源。此时应有三反应，若有三反应表示是好的。若无三反应，表示有问题，不能正常用。

（2）用万用表检测高压连线是否导通。

（3）接好高压连线。

（4）长按"开/关机键"开机，屏幕显示正常，右上角显示电量。

（5）预测核相器：在正式核相前，可先在同一电网系统，对核相器进行检测是否良好。一人将甲棒与导电体其中一相接触，另一人将乙棒在同一电网导电体逐相接触。核相指示无误后可以正式进行核相作业。

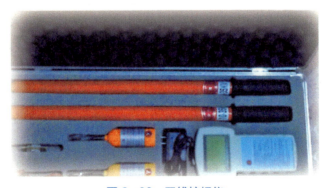

图 2−32　无线核相仪

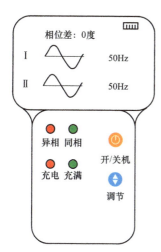

液晶显示：
(a) 第一行：Ⅰ线路与Ⅱ线路的相位差。
(b) 第二行：Ⅰ线路的波形和频率。
(c) 第三行：Ⅱ线路的波形和频率。
指示灯：
(a) 异相红灯亮：两线路异相。
(b) 同相绿灯亮：两线路同相。
(c) 充电红灯亮：正在充电。
(d) 充电绿灯亮：电已充满。
按键：
(a) 开/关机键：长按开机或关机。短接
　　进入背光调节界面或返回测量界面。
(b) 调节键：调节背光亮度值。

补充：右上角有电量指示；最下端插孔
为充电接口。

图 2−33　无线核相仪操作界面

（6）核相操作应由三人进行，两人操作，一人监护。必须逐一操作，逐一记录，根据"三有三无"确定相位是否正确。核相位操作要认真按规程制度执行。

三、绝缘电阻测试仪

（一）用途

绝缘电阻测试仪（见图 3−34）也称兆欧表，用于供电场所以及用电设备的绝缘电阻值的测量，它能发现绝缘材料是否受潮、损伤、老化，从而发现被检测设备的电气缺陷。

（二）主要技术性能要求

绝缘电阻测试最大可达 1TΩ，测试电压范围为 250V/500V/1000V/2500V/ 5000V 档，短路电流 1.5mA，为有利于稳定测试具备可减少噪声干扰的滤波功能，具有背光功能的大显示屏，通电回路警告功能。

（三）使用方法

（1）检查绝缘电阻测试仪电池电量满足本次检测需求，按下电源开关至 ON 位置，通常需预热 10min，即可正常测试。

图 2−34　绝缘电阻测试仪

（2）选择好适当的测试电压。

（3）注意"TEST"灯是否处于熄灭状态，确保接线柱上不带电，接上被测件，按下"TEST"按钮，仪器即可对被测件充电并测量。

（4）测试完毕后按下"RESET"按钮或测试时长到仪器自动复位。

四、钳形电流表

（一）用途

钳形电流表（见图2-35）可以在无断开电路情况下测量线路的线电流及零序电流情况。

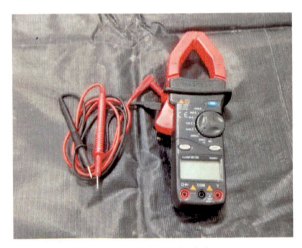

图2-35　钳形电流表

（二）主要技术性能要求

以 MCL-800D 大口径数字钳形电流表为例进行介绍。

（1）交流电流（50/60Hz）200mA/2A/20A/200A/1000A。

（2）最小分辨率：100μA。

（3）量程切换：五量程手动切换。

（4）钳口直径：ϕ80mm。

（5）采样速度 2 次/s。

（三）使用方法

（1）对仪器进行外观检查。钳口是否衔接良好、挡位开关是否转动正常、电池电压是否显示正常。

（2）选择对应电流档位。

（3）每次进入带电线路操作之前，钳口宜先开合操作 2～3 次，以消磁。

（4）将钳口卡于被测导线外，读出显示屏上的电子示数并记录。

（5）用完后将仪器电源开关关闭。

✎ 习　题

单选：验电器在额定频率变化（　　）的范围以内，应能给出正确指示。

A．±1%　　　　　B．±3%　　　　　C．±5%　　　　　D．±7%

第四节　常用工器具及装备的试验

📋 学习目标

1. 了解带电作业常用工器具及装备的试验内容及周期
2. 了解带电作业工器具及装备试验的原则

📋 知识点

带电作业工器具的试验是检验工器具是否合格的唯一可靠手段，即使周密设计的工器具，也必须通过试验才能给出合格与否的结论。这是因为在工器具的制作、运输和保管储存等各个环节中，都可能引起或留下意想不到的缺陷，而这些缺陷大多数只能通过试验才会暴露出来。试验总则为：

（1）进行预防性试验时，一般宜先进行外观检查，再进行机械试验，最后进行电气试验。

（2）进行试验时，试品应干燥、清洁，试品温度达到环境温度后方可进行试验，户外试验应在良好的天气进行，且空气相对湿度一般不高于80%。试验时，应测量和记录试验环境的温湿度及气压。

（3）经预防性试验检验合格的带电作业工器具、装置和设备，应在明显位置贴上试验合格标志，内容应包含检验周期、检验日期等信息。

（4）遇到特殊情况需要改变试验项目、周期或要求时，需由本单位总工程师或分管领导审查批准后执行。

一、绝缘杆工具的试验

带电作业绝缘工具及装备的试验标准主要依据有 GB 13398、GB/T 13035、DL 409、DL/T 878、DL/T 976。10/20kV 电压等级的绝缘杆工具预防性/检查性试验项目和标准见表 2－1。

表 2－1 　　　　　　　　10/20kV 电压等级的绝缘杆工具预防性/
检查性试验项目和标准

额定电压 （kV）	试验电极间距离 （m）	1min/3min 交流耐压 （kV）	备注
10	0.40	45/—	
20	0.50	80/—	

（1）绝缘工具试验周期和试验类别。

试验周期：电气试验与机械预防性试验均为 12 个月。

试验类别：预防性试验、检查性试验、机械预防性试验（其中预防性试验与检查性试验间隔为半年）。

（2）要求。绝缘操作杆的电气性能试验应无击穿、闪络、过热即为合格。

二、金属承力工具的试验

金属承力工具包括绝缘子卡具、紧线卡线器、液压紧线器等。

试验周期：24 个月。

试验项目：机械预防性试验，包括静负荷试验、动负荷试验。

三、带电作业遮蔽和防护用具的试验

10kV 带电作业遮蔽用具包括绝缘毯、绝缘垫、遮蔽罩等。防护用具包括绝缘手套、绝缘袖套、绝缘服（披肩）、绝缘鞋（靴）、绝缘安全帽等。

试验周期：6 个月。

试验项目：交流耐压试验。

进行交流耐压试验时，施加 20kV 电压保持 1min 时间，无闪络、无击穿、无过热为合格。绝缘鞋（靴）还应进行泄漏电流试验，最大泄漏电流不大于 6mA（20mA）。

四、10kV带电作业用消弧开关的试验

消弧开关包括触头、灭弧室、操动机构等，应带有绝缘操作杆，或带有方便绝缘杆操作的挂杆、挂环等部件。消弧开关外观应光滑，无皱纹、开裂或烧痕等。各部件之间应连接牢靠。

试验周期：6个月。

试验项目：交流耐压试验，即在断开状态下的灭弧室及触头应按照《高压交流开关设备和控制设备标准的共用技术要求》（GB/T 11022）进行交流耐压试验，只进行干态试验，试验电压加至静触头和动触头之间，试验电压 42kV，持续时间 1min。以灭弧室及触头无闪络、击穿为合格标准。

五、10kV旁路作业设备的试验

所有旁路作业设备必须进行外观检查，试品应光滑、无皱纹或开裂。

试验周期：12个月。

试验项目：柔性电缆与连接器组合后进行交流电压试验、负荷开关交流耐压试验。对柔性电缆与连接器组合后交流电压试验进行交流耐压试验时施加 45kV 工频交流电压 1min，以无击穿为合格标准。

对负荷开关相地、相间和同相断口之间进行交流耐压试验时施加 42kV 工频交流电压 1min，以无闪络、无击穿为合格。

六、10kV绝缘斗臂车的试验

检查绝缘斗、臂表面的损伤情况，如裂缝、绝缘剥落、深度划痕等，对内衬、外斗的壁厚进行测量，是否符合制造厂的壁厚限值。

试验周期：12个月。

试验项目：交流耐压及泄漏电流试验、额定荷载全工况试验。

交流耐压及泄漏电流试验步骤：

（1）对绝缘斗臂车进行整车交流耐压试验：按试验距离 0.4m，施加 45kV 电压 1min，以无闪络、无击穿、无过热为合格。同时测量泄漏电流不大于 500uA 为合格。

（2）对绝缘斗臂车的绝缘内斗进行层向工频耐压试验：施加 45kV 电压 1min，以无闪络、无击穿、无过热为合格。

（3）对绝缘外斗进行表面交流泄漏电流试验：试验距离 0.4m，施加 20kV 电压表面泄漏电流不大于 200μA 为合格。

（4）对绝缘外斗进行 1min 表面工频耐压试验：试验距离 0.4m，施加 45kV 电压 1min，以无闪络、无击穿、无过热为合格。

（5）对绝缘小吊臂进行 1min 工频耐压试验：试验距离 0.4m，施加 45kV 电压 1min，以无闪络、无击穿、无过热为合格。

（6）额定荷载全工况试验即按工作斗的额定荷载加载，按全工况曲线图全部操作 3 遍。若上下臂和斗以及汽车底盘、外伸支腿均无异常，则试验通过。

习 题

1. 判断：绝缘罩的耐压试验周期为两年。（　　）

2. 判断：绝缘操作杆外观检查合格的依据是试品应光滑洁净，无气泡、皱纹、开裂，杆段间连接牢固。（　　）

3. 单选：《电力安全工作规程（配电部分）》规定：安全工器具的（　　）可由各使用单位根据试验标准和周期进行，也可委托有资质的机构试验。

A. 外观检验和电气试验 　　　　B. 耐压试验和机械试验

C. 电气试验和机械试验 　　　　D. 外观检查和机械试验

第三章

配电网不停电作业
规程规范介绍

按照《中华人民共和国标准化法》《中华人民共和国安全生产法》的规定，为了满足保障安全生产的要求，在带电作业技术领域所涉及的安全要求、工艺技术、作业方法以及带电作业用各类工具、装置、设备等方面均应制定标准。

带电作业（包括配电网不停电作业）是在设备带电的状态下，作业人员进入带电区域内进行工作，带电设备所产生的电场、磁场及电流可能对人体产生不良影响。因此，作业人员必须了解、掌握与作业项目相应的标准、规范内容，并严格遵守标准、规范的要求进行工作，才能确保作业人员的安全。目前颁布实施的带电作业标准近四十余个，由于篇幅有限，不能一一详细解读，仅对与配电网不停电作业相关的部分常用标准简单介绍。带电作业标准分类如下：

1. 基础类标准

基础类标准包括带电作业技术领域中的通用内容，如带电作业术语和定义、安全距离计算方法、绝缘配合、工具的基本技术要求与设计、工具试验、工具设备质量保证、带电作业部分技术导则等。

2. 基本材料类标准

基本材料类标准包括带电作业用绝缘绳索、带电作业用空心绝缘管、泡沫填充管及实心绝缘棒等材料标准。

3. 工具类标准

工具类标准包括紧线卡线器、绝缘子卡具、绝缘滑车、小水量冲洗工具、带电作业用提线工具、绝缘托瓶架、交流 1kV 直流 1.5kV 及以下电压带电作业用手工工具、绝缘绳索类工具等标准。

4. 防护类标准

防护类标准包括屏蔽服、静电防护服、绝缘服、绝缘手套、绝缘袖套、绝缘鞋、绝缘毯、绝缘垫、硬质遮蔽罩、导线软质遮蔽罩等标准。

5. 装置设备类标准

装置设备类标准包括检测装置、绝缘斗臂车、验电器、核相仪、便携式接地和接地短路装置、飞车、架空输配电线路带电安装及作业工具设备等。

6. 其他类标准

其他类标准包括带电更换 330kV 线路耐张绝缘子单片技术规程、带电作业工具房等标准。

第一节　配电网不停电作业通用标准及规范

学习目标

1. 了解配电网不停电作业的人员要求
2. 掌握配电网不停电作业天气条件
3. 掌握配电网不停电作业的工作制度

知识点

本节主要通过对不停电作业一般要求、工作制度等两个方面内容的介绍，以便于对不停电作业建立起基本认识。

一、一般要求

（一）人员要求

1.《配电线路带电作业技术导则》（GB/T 18857—2019）中人员要求

（1）配电线路带电作业人员应身体健康，无妨碍作业的生理和心理障碍。应具有电工原理和电力线路的基本知识，掌握配电带电作业的基本原理和操作方法，熟悉作业工器具的适用范围和使用方法。熟悉 GB 26859 和 GB/T 18857。应会紧急救护法，特别是触电解救。通过专门培训且考试合格取得资格，经本单位批准后，方可参加相应的作业。

（2）工作负责人（或专责监护人）应具有带电作业资格和实践工作经验，熟悉设备状况，具有一定组织能力和事故处理能力，通过专门培训且考试合格取得资格，经本单位批准后，方可负责现场的监护。

2.《配电线路旁路作业技术导则》（GB/T 34577—2017）人员要求

（1）带电作业、停电作业等工作人员应持证上岗。操作旁路设备的人员应经培训，掌握旁路作业的基本原理和操作方法。

（2）配电旁路作业应设工作负责人，若项作业任务下设多个小组工作，工作负责人应指定每个小组的小组负责人（监护人）。

（3）作负责人（监护人）应具有 3 年以上的配电检修实际工作经验，熟悉设备状况，具有一定组织能力和事故处理能力，经专门培训，考试合格并具有上岗证，并经本单位批准。

3.《国家电网公司电力安全工作规程 线路部分》（Q/GDW 1799.2—2013）及《国家电网公司电力安全工作规程 配电部分（试行）》中人员要求基本相同

参加带电作业的人员，应经专门培训，考试合格取得资格、单位批准后，方可参加相应的作业。带电作业工作票签发人和工作负责人、专责监护人应由具有带电作业资格和实践经验的人员担任。

4.《电业安全工作规程（电力线路部分）》（DL 409—91）中人员要求

（1）参加带电作业人员，应经专门培训，并经考试合格、领导批准后，方能参加工作。

（2）工作票签发人可由线路工区（所）熟悉人员技术水平熟悉设备情况、熟悉本规程的主管生产领导人、技术人员或经供电局主管生产领导（总工程师）批准的人员来担任。工作票签发人不得兼任该项工作的工作负责人。

5.《10kV 配网不停电作业规范》（Q/GDW 10520—2016）中人员资质与培训管理

（1）不停电作业人员应从具备配电专业初级及以上技能水平的人员中择优录用，并持证上岗。

（2）不停电作业人员资质申请、复核和专项作业培训按照分级分类方式由国网公司级和省公司级配网不停电作业实训基地分别负责。国网公司级基地负责一至四类项目的培训及考核发证；省公司级基地负责一、二类项目的培训及考核发证。不停电作业实训基地资质认证和复核执行国网公司《带电作业实训基地资质认证办法》相关规定。

（3）绝缘斗臂车等特种车辆操作人员及电缆、配网设备操作人员需经培训、考试合格后，持证上岗。

（4）工作票许可人、地面辅助电工等不直接登杆或上斗作业的人员需经省公司级基地进行不停电作业专项理论培训、考试合格后，持证上岗。

（5）国家电网公司带电作业实训基地应积极拓展与不停电作业发展相适应的培训项目，加强师资力量，加大培训设备设施的投入，满足不停电作业培训工作的需要。

（6）尚未开展第三、第四类配网不停电作业项目的单位应在连续从事第一、第二类作业项目满 2 年人员中择优选择作业人员，经国网公司级实训基地专项培训并考核合格后，方可开展。

（7）各基层单位应针对不停电作业特点，定期组织不停电作业人员进行规程、专业知识的培训和考试，考试不合格者，不得上岗。经补考仍不合格者应重新进行规程和专业知识培训。

（8）基层单位应按有关规定和要求，认真开展岗位培训工作，每月应不少 8 个学时。

（9）不停电作业人员脱离本工作岗位 3 个月以上者，应重新学习《国家电网公司电力安全工作规程　配电部分（试行）》和带电作业有关规定，并经考试合格后，方能恢复工作；脱离本工作岗位 1 年以上者，收回其带电作业资质证书，需返回带电作业岗位者，应重新取证。

（10）工作负责人和工作票签发人按《国家电网公司电力安全工作规程　配电部分（试行）》所规定的条件和程序审批。

（11）配网不停电作业人员不宜与输、变电专业带电作业人员、停电检修作业人员混岗。人员队伍应保持相对稳定，人员变动应征求本单位主管部门的意见。

解读： 根据以上标准及规程规范的相关条文可见，带电作业人员不仅仅是指登杆塔或上斗作业人员，还包括工作负责人（监护人）、工作许可人、地面辅助工。各标准及规程规范对参加带电作业的各类人员要求都作了相应规定，专业技术性导则中则对作业人员提出了针对性的要求。

尤其《10kV 配网不停电作业规范》中，在培训基地、人员资质培训考试、人员管理等方面都作出了更为详尽的规定。其中部分省公司级基地经国网公司审核，也具有三、四类复杂项目培训资格，但复杂项目证书的考试考核、证书制作颁发由国网公司级基地实施。

人员方面的要求按原文执行。

（二）天气条件

现行标准、规程规范针对带电作业天气条件的条款有以下几种：

（1）《电力安全工作规程　电力线路部分》（GB 26859—2011）11.1.2 中，带电作业应在良好天气下进行。如遇雷（听见雷声、看见闪电）、雨、雪、雾不应进行带电作业，风力大于 5 级时，或湿度大于 80%时，不宜进行带电作业。

（2）《配电线路带电作业技术导则》（GB/T 18857—2019）4.3.1 中，作业应在良好天气下进行，作业前应进行风速和湿度测量。风力大于 10m/s 或相对湿度大于 80%时，不宜作业。如遇雷、雨、雪、雾时不应作业。

（3）《电业安全工作规程（电力线路部分）》（DL 409—91）8.1.2 中，带电作业应在良好天气下进行。如遇雷、雨、雪、雾不得进行带电作业，风力大于 5 级时，一般不宜进行带电作业。

（4）《国家电网公司电力安全工作规程　线路部分》（Q/GDW 1799.2—2013）13.1.2 中，带电作业应在良好天气下进行。如遇雷电（听见雷声、看见闪电）、雪、雹、雨、雾等，禁止进行带电作业。风力大于 5 级，或湿度大于 80%时，不宜进行带电作业。

（5）《国家电网公司电力安全工作规程　配电部分（试行）》9.1.5 中，带电作业应在良好天气下进行，作业前须进行风速和湿度测量。风力大于 5 级，或湿度大于 80%时，不宜带电作业。若遇雷电、雪、雹、雨、雾等不良天气，禁止带电作业。

综合以上条文可见各标准及规程规范在带电作业天气条件的规定中，除"雷电、雪、雹、雨、雾等不良天气"相关规定的关键词严厉程度不一样外，即"不得"和"禁止"的严厉程度高于"不应"，其他部分大同小异。现对以上情况从标准法的相关规定来进行解读，以厘清其中的概念，消除具体执行中的误解。

《电力安全工作规程　电力线路部分》（GB 26859—2011）除第 5 章"安全组织措施"和 7.3.4"操作票填写"为推荐性，其余为强制性。GB/T 18857—2019《配电线路带电作业技术导则》4.2 中，制度要求规定应按 GB 26859 和 GB/T 18857 的规定执行。可见以上两个标准关于天气条件的规定均为强制性条款。根据标准化法相关规定：行业标准、企业标准的技术要求不得低于强制性国家标准的相关技术要求。所以 Q/GDW 1799.2—2013 和《国家电网公司电力安全工作规程　配电部分（试行）》中，相关规定的关键词严厉程度高于以上两个国家标准是有依据的。另外，正因为 DL 409—91 作为早期制定的行业标准，在相应国家标准颁布实施后，其技术要求不低于国家标准的技术要求，这也是 DL 409—91 未被废止的原因之一。

在实际应用中，按规定关键词严厉程度高的标准及规程规范相应条款执行。

（三）其他要求

1. 现场勘察

在相应标准及相关规程中对作业现场勘察的要求程度虽然有所区别，但是其对保证带电作业安全实施起着很重要的作用。现场勘察的组织者应为工作负责人或工作票签发人，勘察的主要内容主要有：是否符合作业条件、同杆（塔）架设线路及其方位和电气间距、作业现场条件和环境及其他影响作业的危险点等，并根据勘察结果确定作业方法、所需工具以及应采取的措施。

2. 新项目管理

对于较为复杂、难度较大的新项目和新工具的研制，相应的标准及规程都明确规定：应进行试验论证，确认安全可靠，制订操作工艺方案和安全技术措施，并经本单位批准后方可使用。在《10kV 配网不停电作业规范》（Q/GDW 10520—2016）对开发新项目的原则、技术鉴定应具备的资料及审核批准作了更为明确具体的规定，在后面该标准的具体内容中列出，这里不再赘述。

3. 履行许可手续

无论是否停用重合闸，工作负责人在作业开始前都应与值班调控人员或运维人员联系。需要停用重合闸的作业工作应由值班调控人员履行许可手续。工作结束后应及时向值班调控人员或运维人员汇报。需要特别强调的是：严禁约时停用或恢复重合闸。对于何种情况下需要停用重合闸，在后面规程规范解读中予以详解。

4. 作业设备突然停电的处理

在作业过程中如设备突然停电，作业人员应视设备仍然带电。工作负责人应尽快与值班调控人员或运维人员联系，值班调控人员或运维人员未与工作负责人取得联系前不得强送电。

二、工作制度

（一）工作票制度

对工作票的填写、工作票签发人、有效期限以及保存时间等作了具体规定，并明确规定工作票签发人不得同时兼任该项工作的工作负责人。

（二）工作监护制度

规定带电作业应设专人监护，复杂的或高杆塔上的作业，必要时应增设专责监护人。

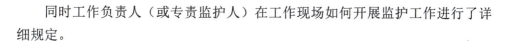

同时工作负责人（或专责监护人）在工作现场如何开展监护工作进行了详细规定。

（三）工作间断和终结制度

规定了作业过程中，若因故需临时间断在间断期间、间断工作恢复前的要求，以及每项作业结束后，应仔细清理工作现场，工作负责人应检查设备上有无工具和材料遗留，设备是否恢复工作状态。全部工作结束后，应及时向值班调控人员或运维人员汇报。停用重合闸的作业应向值班调控人员履行工作终结手续。

习 题

1. 简答：配电网不停电作业人员资格证书申请、复核和专项培训有哪些规定？
2. 简答：带电作业的天气条件是如何规定的？
3. 简答：作业设备突然停电应如何处理？

第二节 《国家电网公司电力安全工作规程》带电作业条文解读

学习目标

掌握安全工作规程中关于配网不停电作业的相关规定

知识点

本节主要对《国家电网公司电力安全工作规程》带电作业条文进行解读，带电作业相关标准的术语及定义、技术导则及管理规范、工具的设计使用与试验等内容见附录 A。

《国家电网公司电力安全工作规程》是依据《中华人民共和国安全生产法》和《中华人民共和国劳动法》等国家有关法律、法规，结合电力生产的实际而制定。充分贯彻落实"安全第一、预防为主"安全基本方针，规范各类工作人员的行为，保证人身、设备安全。

学习与掌握安全工作规程的条文，是对各类工作人员的基本要求。为了便于读者了解配网不停电作业相关条文，此处仅对《国家电网公司电力安全工作规程　线路部分》（Q/GDW 1799.2—2013）配电带电作业以及《国家电网公司电力安全工作规程　配电部分（试行）》带电作业的条文进行介绍。

（一）《国家电网公司电力安全工作规程　线路部分》(Q/GDW 1799.2—2013)

13　带电作业

13.10　配电带电作业

13.10.1　进行直接接触 20kV 及以下电压等级带电设备的作业时，应穿着合格的绝缘防护用具（绝缘服或绝缘披肩、绝缘手套、绝缘鞋）；使用的安全带、安全帽应有良好的绝缘性能，必要时戴护目镜。使用前应对绝缘防护用具进行外观检查。作业过程中禁止摘下绝缘防护用具。

解读：因为配电设备间距小、布置密集、结构复杂，在操作过程中，作业人员易触及不同电位物体，引起单相接地或相间短路，威胁人身设备安全。合格的绝缘防护用具是保证带电作业安全的基本条件之一；因此为了确保人身及设备安全，作业人员在整个作业过程中，应穿戴绝缘防护用具（绝缘服或绝缘披肩、绝缘袖套、绝缘手套、绝缘鞋、绝缘安全帽等），使用的安全带、安全帽应有良好的绝缘性能。带电作业过程中，禁止摘下绝缘防护用具。

绝缘防护用具表面脏污、或有破损，其绝缘强度将会下降，失去防护效果，所以使用前应对绝缘防护用具进行外观检查。

带电断、接引线作业时，容易产生电弧。为了保护眼睛免受电弧产生的紫外线、熔融金属颗粒、发热等伤害，因此带电断、接引线作业，应戴具有防碎镜片和合成材料镜框的护目镜。

13.10.2　作业时，作业区域带电导线、绝缘子等应采取相间、相对地的绝缘隔离措施。绝缘隔离措施的范围应比作业人员活动范围增加 0.4m 以上。实施绝缘隔离措施时，应按先近后远、先下后上的顺序进行，拆除时顺序相反。装、拆绝缘隔离措施时应逐相进行。

禁止同时拆除带电导线和地电位的绝缘隔离措施；禁止同时接触两个非连通的带电导体或带电导体与接地导体。

解读：因配电设备间距小、布置密集、结构复杂，在没有绝缘隔离措施的情况下，如果作业人员在进行具体操作时发生误操作，极易通过人体形成单相接地或相间短路，导致人身设备事故。所以作业区域带电体、绝缘子等采取相间、相对地的绝缘隔离（遮蔽）措施。

绝缘隔离措施的范围应比作业人员活动范围增加 0.4m 以上，是为了便于作业人员操作，防止作业人员在进行具体操作步骤，或者转移工作位置时，同时接触不同电位的物体，确保全过程作业安全。

实施绝缘隔离措施时，应按先近后远、先下后上的顺序进行，可以先将靠近作业人员的危险因素消除，采用层层递进的方法，将作业范围内可能触及的不同电位物体进行绝缘遮蔽，避免作业人员冒险进行绝缘遮蔽的情况发生，确保作业人员人身安全。拆除时顺序相反，是为了作业人员在有绝缘措施保护的状态下，逐步拆除绝缘遮蔽措施，并安全退出电场。

装、拆绝缘隔离措施时应逐相进行，是为了防止作业人员同时接触不同相带电体，造成相间短路，导致作业人员触电。

同时拆除带电导线和地电位的绝缘隔离措施，人体将串入电路，极易形成单相接地，造成作业人员触电。

若同时接触两个非连通的带电体或同时接触带电体与接地体，人体将被串入电路，极易形成单相接地或相间短路，造成人员触电；所以禁止同时接触。

13.10.3　作业人员进行换相工作转移前，应得到工作监护人的同意。

解读：由于配电设备相对地及相间距离小，为了防止作业人员误碰邻相或同时接触不同电位物体，以及在一相作业完成后，未能及时完整的恢复绝缘遮蔽，而发生触电危险；同时出于整个作业过程中，应做到上下呼应，必须对作业人员全过程监护的需要。所以作业人员进行换相工作转移前，应得到监护人的同意。

（二）《国家电网公司电力安全工作规程　配电部分（试行）》

9　带电作业

9.1　一般要求

9.1.1　本章的规定适用于在海拔 1000m 及以下交流 10（20）kV 的高压配电线路上，采用绝缘杆作业法和绝缘手套作业法进行的带电作业。其他等级高压配电线路可参照执行。

在海拔 1000m 以上进行带电作业时，应根据作业区不同海拔，修正各类空气与固体绝缘的安全距离和长度等，并编制带电作业现场安全规程，经本单位批准后执行。

解读：根据《电工术语　带电作业》（GB/T 2900.55）、《配电线路带电作业技术导则》（GB/T 18557）规定，带电作业是指作业人员接触带电部分或作业人员用操作工具、设备或装备在带电区域的作业。配网不停电作业方法分为绝缘操作杆作业法和绝缘手套法。

在海拔 1000m 以上（750kV 为 2000m 以上）带电作业时，随着海拔的增加，气温、气压、空气分子密度都将随之降低，空气绝缘强度亦随之下降。因此，人体与带电体的安全距离、绝缘工器具的有效绝缘长度、绝缘子片数及良好绝缘子片数、组合间隙等，应根据《交流线路带电作业安全距离计算方法》（GB/T 191185）、《带电作业工具基本技术要求与设计导则》（GB/T 18037—2008）进行修正。

9.1.2 参加带电作业的人员，应经专门培训，考试合格取得资格、单位批准后，方可参加相应的作业。带电作业工作票签发人和工作负责人、专责监护人应由具有带电作业资格和实践经验的人员担任。

解读：带电作业过程中，作业人员操作的对象是带电设备，操作过程中存在触电等诸多危险因素，且带电作业操作专业性强。若操作不当，极易威胁作业人员人身及设备安全。因此，带电作业人员应经国家电网公司指定的有资质的培训基地专门培训，掌握带电作业基本原理、作业方法、相关技术标准以及实际操作技能等；了解分辨作业过程中的危险点源，相应的防范措施；经考试合格获得资质证书持证上岗，并每四年复证一次。

带电作业工作票签发人和工作负责人、专责监护人从勘察开始至完成作业；的整个作业过程中，需要确定能否作业、采用何种作业方法、作业过程中应采取的安全措施，以及指导作业人员正确安全地操作等，所以带电作业工作票签发人和工作负责人、专责监护人应由具有带电作业资格和实践经验的人员担任。

9.1.3 带电作业应有人监护。监护人不得直接操作。监护的范围不得超过一个作业点。复杂或高杆塔作业，必要时应增设专责监护人。

解读：作业人员在作业过程中，必须处于带电区域集中注意力完成具体操作；对于周围不同电位的物体很难全面顾及，若操作不当极易造成人身安全事故。因此，带电作业应有人监护。

为了保证作业人员安全，必须对作业人员进行全过程不间断地监护，及时纠正作业人员的不安全动作。如果监护人参加操作，或者作业点超过一个时，易分散注意力，起不到应有的监护作用。

复杂或高杆塔作业，由于易影响监护人视线、操作步骤复杂、上下沟通不便；所以在必要时在附近高台或杆塔上增设专责监护人，并采用先进的通信工具，以传达工作负责人的指令，同时监护作业人员正确操作或督促保持安全距离，纠正作业人员的错误行为和动作。

9.1.4　工作负责人在带电作业开始前，应与值班调控人员或运维人员联系。需要停用重合闸的作业和带电断、接引线工作应由值班调控人员履行许可手续。带电作业结束后，工作负责人应及时向值班调控人员或运维人员汇报。

解读：线路、设备都在调度部门的管理范围内，运维人员是设备主人，当在设备上进行带电作业时，与调度部门、运维人员联系后工作，便于调控人员了解设备运行状况；以及带电作业结束后，工作负责人应及时向值班调控人员或运维人员汇报。是企业安全生产管理制度的一项重要内容。

再者，由于电网运行中存在一些变化因素而可能影响检修计划的实施，因此只有在检修工作开始前取得调度部门的许可命令，才能施行保证安全的技术措施。另外，作业时如出现失误，引起跳闸，此时的重合闸就可能扩大事故。所以需要停用重合闸的作业和带电断、接引线工作，应由值班调控人员履行许可手续。

9.1.5　带电作业应在良好天气下进行，作业前须进行风速和湿度测量。风力大于 5 级，或湿度大于 80%时，不宜带电作业。若遇雷电、雪、雹、雨、雾等不良天气，禁止带电作业。

带电作业过程中若遇天气突然变化，有可能危及人身及设备安全时，应立即停止工作，撤离人员，恢复设备正常状况，或采取临时安全措施。

解读：雷雨时，无论是感应雷还是直击雷都可能产生大气过电压，不仅影响到电网安全运行，还可能使电气设备绝缘和绝缘工具遭到破坏，给人身安全带来严重危险。

阴雨、雾和潮湿天气时，绝缘工具长时间在露天中作业会被潮浸，此时绝缘强度下降，甚至会使工具产生变形及其他绝缘问题。

当遇到冰雹天气时，在冰雹的打击下，作业人员及绝缘工器具，都会直接受到损伤。

严寒风雪天气，导线本身弛度的减小又易于使拉伸应力增加，有时甚至接近导线的最大使用应力，在这种状况下进行作业，又将加大导线的荷载，如果过牵引时，就有发生断线的可能。

综上所述，若遇雷电、雪、雹、雨、雾等不良天气，禁止带电作业。

绝缘工具泄漏电流的大小随空气相对湿度和绝对湿度的增加而增大。同时，也与绝缘工具表面状态（即是否容易凝结水珠）有关，当绝缘工具表面电阻率下降，便在绝缘工具表面电阻下降，泄漏电流达到一定数值时，便在绝缘工具表面出现起始电晕放电现象，最后导致闪络击穿，造成事故。即使泄漏电流未达到起始电晕放电数值，而达到一定数值时，也会使操作人员有麻电感，出现操作失误，威胁人身设备安全。所以风力大于 5 级，或湿度大于 80%时，不宜带电作业。

带电作业过程中若遇天气突然变化，有可能危及人身及设备安全时，应立即停止工作，撤离人员，以免发生人身伤害事故。当时间裕度或作业条件许可的情况下，恢复设备正常状况，或采取临时安全措施，以确保设备安全运行。

9.1.6　带电作业项目，应勘察配电线路是否符合带电作业条件、同杆（塔）架设线路及其方位和电气间距、作业现场条件和环境及其他影响作业的危险点，并根据勘察结果确定带电作业方法、所需工具以及应采取的措施。

解读：带电作业现场勘察的目的是确定此项带电作业的必要性和可能性。带电作业班组在接到工作任务后，必须进行现场勘查。其主要内容包括杆塔型式、设备间距、交叉跨越情况、设备缺陷部位及严重情况，导地线规格，所需器材的规格及地形地貌等情况，并填写勘察单。根据勘察结果做出能否进行带电作业的判断，并针对现场影响作业危险点，制定出相应的安全措施。对于危险性、复杂性和困难程度较大的作业项目，还应制定"三措"，报本单位批准后执行。同时将勘察结果交由工作票签发人、工作负责人及相关各方，作为填写和签发工作票的依据，做到作业过程安全管控关口前移。

开工前，现场工作负责人还应进行复勘，发现与原勘察情况有变化时，应及时修正、完善相应的安全措施。

9.1.7　带电作业新项目和研制的新工具，应进行试验论证，确认安全可靠，并制定出相应的操作工艺方案和安全技术措施，经本单位批准后，方可使用。

解读：带电作业是指工作人员接触带电部分的作业，或工作人员身体的任一部分或使用的工具、装置、设备进入带电作业区域内的作业。因此，为了确保人身及设备安全，实施的作业项目和使用的工器具必须安全可靠。而新项目和新研制的工具，如果未经科学试验论证，则可能存在很多影响安全的不确定因素，所以带电作业新项目和研制的新工具，应进行试验论证，确认安全可靠，并制定出相应的操作工艺方案和安全技术措施，经本单位批准后，方可使用。

9.2　安全技术措施

9.2.1　高压配电线路不得进行等电位作业。

解读：由于等电位作业人员需要穿着屏蔽服，而配电线路设备结构紧凑且布置复杂，作业人员极易触及不同电位的物体，由此产生的短路电流远远大于屏蔽服的通流量，将造成作业人员触电伤亡；所以配电带电作业只能采用绝缘手套作业法或绝缘杆作业法。

9.2.2　在带电作业过程中，若线路突然停电，作业人员应视线路仍然带电。

工作负责人应尽快与调度控制中心或设备运维管理单位联系，值班调控人员或运维人员未与工作负责人取得联系前不得强送电。

解读：在带电作业过程中，线路突然停电，但其一经操作即可带电，所以作业人员应视线路仍然带电。

为了尽快弄明原因，配合调度部门处理故障，工作负责人应尽快与调度控制中心或设备运维管理单位联系，并汇报现场工作状况。

在带电作业过程存在因错误的操作行为而导致线路失电的可能，强送电会导致事故扩大或对人身造成二次伤害。另送电合闸过程中会产生操作过电压，意外过电压极易导致设备、工器具损坏而发生危险；若线路突然停电，值班调控人员或运维人员未与工作负责人取得联系前不得强送电。

9.2.3　在带电作业过程中，工作负责人发现或获知相关设备发生故障，应立即停止工作，撤离人员，并立即与值班调控人员或运维人员取得联系。值班调控人员或运维人员发现相关设备故障，应立即通知工作负责人。

解读：带电作业过程中，设备突然发生故障，在未查明原因和处理完毕前，仍然存在再次发生故障的可能。因此在带电作业过程中，工作负责人发现或获知相关设备发生故障，为防止人员的意外伤害，应立即停止工作，撤离人员，并立即与值班调控人员或运维人员取得联系，查明原因。值班调控人员或运维人员发现相关设备故障，应立即通知工作负责人停止作业，将人员撤离现场。

9.2.4　带电作业期间，与作业线路有联系的馈线需倒闸操作的，应征得工作负责人的同意，并待带电作业人员撤离带电部位后方可进行。

解读：因为倒闸操作会产生操作过电压，为防止过电压而导致的人身意外伤害，带电作业期间，与作业线路有联系的馈线需倒闸操作的，应征得工作负责人的同意，并待带电作业人员撤离带电部位后方可进行。

9.2.5　带电作业有下列情况之一者，应停用重合闸，并不得强送电：

（1）中性点有效接地的系统中有可能引起单相接地的作业。

（2）中性点非有效接地的系统中有可能引起相间短路的作业。

（3）工作票签发人或工作负责人认为需要停用重合闸的作业。

禁止约时停用或恢复重合闸。

解读：中心点有效接地系统单相接地或中心非有效接地系统相间短路时，都会引起线路跳闸。重合闸过程中会产生操作过电压，威胁人员及设备的安全；如果因操作失误，作业人员触电而引起跳闸，此时的重合闸会使作业人员受到二次伤害；故中性点有效接地的系统中有可能引起单相接地的作业；及中性点非有效接地的系统中有可能引起相间短路的作业；均应停用重合闸。

工作票签发人或工作负责人认为需要停用重合闸的作业，主要是强调停用重合闸的必要性。例如：有些作业项目（如修剪树枝、安装驱鸟器等）工作内容简单，一般不需要停用重合闸；但是如果设备布置结构复杂、作业间隙窄小等，导致操作步骤复杂、危险程度升高。针对以上类似情况，工作票签发人或工作负责人为了确保人身及设备安全，除却（1）、（2）两种情况外，认为需要停用重合闸。在作业开始，应停用重合闸，并予以落实执行。

为了确保整个作业过程重合闸一直处于停用状态，保障人身、设备安全，所以禁止约时停用或恢复重合闸。

9.2.6 带电作业，应穿戴绝缘防护用具（绝缘服或绝缘披肩、绝缘袖套、绝缘手套、绝缘鞋、绝缘安全帽等）。带电断、接引线作业应戴护目镜，使用的安全带应有良好的绝缘性能。

带电作业过程中，禁止摘下绝缘防护用具。

解读：因为配电设备间距小、布置密集、结构复杂，在带电作业中，作业人员易触及不同电位物体，引起单相接地或相间短路，威胁人身设备安全。因此为了确保人身及设备安全，作业人员在整个作业过程中，应穿戴绝缘防护用具（绝缘服或绝缘披肩、绝缘袖套、绝缘手套、绝缘鞋、绝缘安全帽等），使用的安全带应有良好的绝缘性能。带电作业过程中，禁止摘下绝缘防护用具。

带电断、接引线作业时，容易产生电弧。为了保护眼睛免受电弧产生的紫外线、熔融金属颗粒、发热等伤害，因此带电断、接引线作业应戴具有防碎镜片和合成材料镜框的护目镜。

9.2.7 对作业中可能触及的其他带电体及无法满足安全距离的接地体（导线支承件、金属紧固件、横担、拉线等）应采取绝缘遮蔽措施。

解读：作业中如果作业人员触及的其他带电体及无法满足安全距离的接地体，就会造成带电设备发生闪络、单相接地、或相间短路，威胁人身及设备安全；所以为了确保人身及设备安全，对作业中可能触及的其他带电体及无法满足安全距离的接地体（导线支承件、金属紧固件、横担、拉线等）应采取绝缘遮蔽措施。

9.2.8 作业区域带电体、绝缘子等应采取相间、相对地的绝缘隔离（遮蔽）措施。禁止同时接触两个非连通的带电体或同时接触带电体与接地体。

解读：作业区域带电体、绝缘子等采取相间、相对地的绝缘隔离（遮蔽）措施。是为了防止作人员在作业过程中，触及不同电位物体，确保人身设备安全。

若同时接触两个非连通的带电体或同时接触带电体与接地体，人体将被串入电路，形成单相接地或相间短路，造成人员触电；所以禁止同时接触。

9.2.9　在配电线路上采用绝缘杆作业法时，人体与带电体的最小距离不得小于表2-2的规定，此距离不包括人体活动范围。

解读：在表2-2中规定带电作业时人身与带电体的安全距离为10kV-0.4m、20kV-0.5m，这个距离是扣除人体活动范围裕度后的最小安全距离。人体活动范围，由作业人员体型、作业姿态、间隙形状等因素决定，其参考取值范围为0.2m～1.0m。

如果人体与带电体之间的距离过近，极易在过电压导致人体与带电体之间的空气间隙击穿，或者作业人员误碰带电体，造成作业人员触电事故的发生。

9.2.10　绝缘操作杆、绝缘承力工具和绝缘绳索的有效绝缘长度不得小于表3-1的规定。

表3-1　　　　　　　　　　　绝缘工具最小有效绝缘长度

电压等级（kV）	有效绝缘长度（m）	
	绝缘操作杆	绝缘承力工具、绝缘绳索
10	0.7	0.4
20	0.8	0.5

解读：有效绝缘长度是指绝缘工具从握手（或接地，主要指绝缘承力工具、绝缘绳索）部分起至带电体间的长度，并扣除中间及端部金属部件的长度后的绝缘长度。

为了防止有效绝缘长度过短，而导致绝缘工具发生沿面闪络或整体击穿；同时控制通过人体的泄漏电流不超过人体的感知水平（交流1mA、直流5mA），以确保作业人员人身安全。所以在作业过程中，应保持最小有效绝缘长度。

由于绝缘操作杆属于手持操作工具，使用过程中操作人员的手会前后移动。绝缘承力工具、绝缘绳索，安装在设备上使用时，位置相对较固定。所以两者是有区别的，绝缘操作杆增加了0.3m。

9.2.11　带电作业时不得使用非绝缘绳索（如棉纱绳、白棕绳、钢丝绳等）。

解读：在带点作业时，所使用的的绳索是直接接触带电设备的，因此要求其综合机电性能高。非绝缘绳索（如棉纱绳、白棕绳、钢丝绳等）不具备带电作业所要求的电气绝缘性能，如果在作业过程中使用，不能保证人身的安全。所以在带电作业时，必须使用尼龙绳、蚕丝绳等绝缘绳索。

9.2.12　更换绝缘子、移动或开断导线的作业，应有防止导线脱落的后备保护措施。开断导线时不得两相及以上同时进行，开断后应及时对开断的导线端部采取绝缘包裹等遮蔽措施。

解读：更换绝缘子、移动或开断导线的作业时，如果没有防止导线脱落的后备保护措施，在松开线夹、摘开绝缘子串挂环、解开绝缘子绑线以及开断导线时，仅通过单一装置控制导线，显然是不可靠的。当绳索受力过大或受到冲击，以致超过拉断力崩断或部分机械缺陷等，很有可能发生滑脱跑线，就会产生严重的带电导线落地事故。所以更换绝缘子、移动或开断导线的作业，应有防止导线脱落的后备保护措施。

为了防止操作不当造成单相接地、或相间短路，而发生人身设备事故。所以开断导线时不得两相及以上同时进行，开断后应及时对开断的导线端部采取绝缘包裹等遮蔽措施。

9.2.13 在跨越处下方或邻近有电线路或其他弱电线路的档内进行带电架、拆线的工作，应制定可靠的安全技术措施，经本单位批准后，方可进行。

解读：带电架、拆线的工作档内，在跨越处下方或邻近有电线路或其他弱电线路时，如果发生导线脱落，一是会威胁邻近有电线路的安全运行；二是由于高压电传导到弱电线路上，会导致弱电线路设备损坏，甚至造成其用户人员发生触电事故。所以在跨越处下方或邻近有电线路或其他弱电线路的档内进行带电架、拆线的工作，应制定可靠的安全技术措施，经本单位批准后，方可进行。

9.2.14 斗上双人带电作业，禁止同时在不同相或不同电位作业。

解读：斗上双人带电作业，如果同时在不同相或不同电位作业，人体就会串入电路，通过人体形成单相接地或相间短路，造成人员触电事故。所以斗上双人带电作业，禁止同时在不同相或不同电位作业。

9.2.15 禁止地电位作业人员直接向进入电场的作业人员传递非绝缘物件。上、下传递工具、材料均应使用绝缘绳绑扎，严禁抛掷。

解读：地电位作业员与直接进入电场的人员之间存在电位差，如果直接传递非绝缘物件，就会在两者之间形成回路，造成人身伤害事故。

如果通过抛掷来上、下传递工具、材料，首先容易发生高空落物打坏下方设备或伤害地面工作人员；其次也有可能在抛接过程中导致高处作业人员误碰带电体或者同时接触不同电位物体，造成人员触电事故；另外若传递的是较长大的物体，还可能设备因抛掷造成经该物体接地或短路。所以上、下传递工具、材料均应使用绝缘绳绑扎，严禁抛掷。

9.2.16 作业人员进行换相工作转移前，应得到监护人的同意。

解读：由于配电设备相对地及相间距离小，为了防止作业人员误碰不同相带电体或同时接触不同电位物体，以及在一相作业完成后，未能及时完整的恢复绝缘遮蔽，而发生触电危险；同时出于整个作业过程中，应做到上下呼应，必须对作业人员全过程监护的需要。所以作业人员进行换相工作转移前，应得到监护人的同意。

9.2.17 带电、停电配合作业的项目，当带电、停电作业工序转换时，双方工作负责人应进行安全技术交接，确认无误后，方可开始工作。

解读：无论是带电作业结束后进行停电作业，还是停电作业后进行带电作业，如果不进行安全技术交底，例如保留的带电部位、设备状态等，容易造成安全事故。

9.3 带电断、接引线

9.3.1 禁止带负荷断、接引线。

解读：带负荷断、接引线，此时较大的负荷电流会产生电弧，引起单相接地或相间短路，造成人身、设备安全事故，因此禁止带负荷断、接引线。

9.3.2 禁止用断、接空载线路的方法使两电源解列或并列。

解读：用断空载线路方法将两电源解列，情况与带负荷断、接引线相似，断口出会产生电弧，造成人身、设备事故。如果使用接空载线路方法使两个不同的电源并列，会有较大环流，在接口处产生电弧，造成人身、设备事故。因此禁止用断、接空载线路的方法使两电源解列或并列。

9.3.3 带电断、接空载线路时，应确认后端所有断路器（开关）、隔离开关（刀闸）已断开，变压器、电压互感器已退出运行。

解读：带电断、接空载线路时，如果线路后端断路器（开关）和隔离开关（刀闸）未全部断开，就可能因断、接负荷电流，产生电弧引发事故。带电断、接空载线路时，后端有未退出的变压器、电压互感器等，相当于切、接小电感电流而产生过电压电弧，引发人身安全事故或损坏设备。所以带电断、接空载线路时，应确认后端所有断路器（开关）、隔离开关（刀闸）已断开，变压器、电压互感器已退出运行。

9.3.4 带电断、接空载线路所接引线长度应适当，与周围接地构件、不同相带电体应有足够安全距离，连接应牢固可靠。断、接时应有防止引线摆动的措施。

解读：如果带电断、接空载线路所接引线过长或过短，都有可能造成与周围接地构件、不同相带电体安全距离不足，导致单相接地、相间短路或人身安全事故。如果未连接牢固可靠，会使搭接处增大接触电阻，正常运行过程中会引起接头过热，甚至烧断导线。

断、接引线时，如果未采取防止引线摆动的措施，极有可能因引线摆动幅度过大，造成单相接地、相间短路或人身安全事故。

9.3.5 带电接引线时未接通相的导线、带电断引线时已断开相的导线，应在采取防感应电措施后方可触及。

解读：带电接引线时未接通相的导线、带电断引线时已断开相的导线存在感应电压，若未采取预防措施直接触及，人体将串入电路，电流则会通过人体，造成作业人员触电事故。因此带电接引线时未接通相的导线、带电断引线时已断开相的导线，应在采取防感应电措施后方可触及。

9.3.6 带电断、接空载线路时，作业人员应戴护目镜，并采取消弧措施。消弧工具的断流能力应与被断、接的空载线路电压等级及电容电流相适应。若使用消弧绳，则其断、接的空载线路的长度应小于 50km（10kV）、30km（20kV），且作业人员与断开点应保持 4m 以上的距离。

解读：空载线路的三相导线之间、导线对地存在电容，在断、接空载线路时，存在电容电流，会产生电弧。因此带电断、接空载线路时，作业人员应戴护目镜，并采取消弧措施。

断、接空载线路的关键是要可靠的断弧，防止电弧重燃。消弧绳本身无灭弧能力，主要是通过控制引线快速分离空载线路，迅速拉长电弧，利用空气自然冷却使之熄灭。消弧绳断、接空载线路以 3A 为限，超过此限值，应选用与被断、接的空载线路电压等级及电容电流相适应的消弧工具。

进行带电断、接操作时，为了防止溅弧、飞弧对作业人员造成伤害，作业人员与断开点应保持 4m 以上的距离。

9.3.7 带电断、接架空线路与空载电缆线路的连接引线应采取消弧措施，不得直接带电断、接。断、接电缆引线前应检查相序并做好标志。10kV 空载电缆长度不宜大于 3km。当空载电缆电容电流大于 0.1A 时，应使用消弧开关进行操作。

解读：空载架空线路与空载电缆线路都有电容电流，若直接带电断、接时，因电容电流而产生电弧放电，当电容电流足够大，就会对作业人员或设备造成伤害。因此 10kV 空载电缆长度不宜大于 3km。当空载电缆电容电流大于 0.1A 时，应使用消弧开关进行操作。

断、接电缆引线时，若相序错误，会引起相间短路，所以断、接电缆引线前应检查相序并做好标志。

9.3.8 带电断开架空线路与空载电缆线路的连接引线之前，应检查电缆所连接的开关设备状态，确认电缆空载。

解读：若电缆连接的开关设备处在合闸状态，后端有负载接入而进行断引线作业，会造成带负荷断引线，产生电弧，引发事故。因此，带电断开架空线路与空载电缆线路的连接引线之前，应检查电缆所连接的开关设备状态，确认电缆空载。

9.3.9　带电接入架空线路与空载电缆线路的连接引线之前，应确认电缆线路试验合格，对侧电缆终端连接完好，接地已拆除，并与负荷设备断开。

解读：由于电缆在运输与施工过程中，存在受到损伤的可能，为防止不合格电缆接入架空线路，或带负荷接引线，造成接地或短路，对作业人员造成伤害；以及二次带电接电缆终端引线。因此带电接入架空线路与空载电缆线路的连接引线之前，应确认电缆线路试验合格，对侧电缆终端连接完好，接地已拆除，并与负荷设备断开。

9.4　带电短接设备

9.4.1　用绝缘分流线或旁路电缆短接设备时，短接前应核对相位，载流设备应处于正常通流或合闸位置。断路器（开关）应取下跳闸回路熔断器，锁死跳闸机构。

解读：用绝缘分流线或旁路电缆短接设备时，短接前未核对相位，若短接操作相位错误，就会引发相间短路，造成人身、设备事故。

若载流设备处于断开状态进行短接，相当于带负荷短接，短接时会产生电弧，威胁人身、设备安全。

若在短接载流设备过程中，跳闸机构未锁死发生跳闸，相当于在断开状态直接短接，将产生电弧，威胁人身、设备安全。

所以，用绝缘分流线或旁路电缆短接设备时，短接前应核对相位，载流设备应处于正常通流或合闸位置。断路器（开关）应取下跳闸回路熔断器，锁死跳闸机构。

9.4.2　短接开关设备的绝缘分流线截面积和两端线夹的载流容量，应满足最大负荷电流的要求。

解读：绝缘分流线的作用主要是分流被短接设备的电流，使流经设备的电流符合作业要求；如果绝缘分流线截面积和两端线夹的载流容量，不能满足最大负荷电流的要求，就会使被短接设备不能被完全分流，影响作业安全。

另外，由于分流线的容量规格（200A/250A/300A 等）的限制，在短接开关设备前，应使用钳形电流表测量电流，确认开关设备正常导通，绝缘引流线满足作业要求（绝缘分流线和两端线夹的载流容量应满足 1.2 倍最大电流的要求，否则必须在断接前采取限流措施，以满足作业要求）。

9.4.3　带负荷更换高压隔离开关（刀闸）、跌落式熔断器，安装绝缘分流线时应有防止高压隔离开关（刀闸）、跌落式熔断器意外断开的措施。

解读：若带负荷更换高压隔离开关（刀闸）、跌落式熔断器，安装绝缘分流线时，高压隔离开关（刀闸）、跌落式熔断器意外断开，相当于带负荷短接设备，而产生较强电弧，危及人身、设备安全。

9.4.4　绝缘分流线或旁路电缆两端连接完毕且遮蔽完好后，应检测通流情况正常。

解读：绝缘分流线或旁路电缆两端连接完毕且遮蔽完好后，以便于进行下一步骤操作时，防止作业人员触及不同电位物体。若未使用钳形电流表检测绝缘引流线及被断接设备电流，确认通流正常。无法确认引流线安装到位，一旦分流失效，断开被短接设备时，将会产生强烈的电弧而危及人身安全。

9.4.5　短接故障线路、设备前，应确认故障已隔离。

解读：若线路、设备存在接地或相间短路时，且未被隔离，短接时会产生强烈电弧危及人身、设备安全，甚至会威胁电网的安全运行。所以，短接故障线路、设备前，应确认故障已隔离。

9.5　高压电缆旁路作业

9.5.1　采用旁路作业方式进行电缆线路不停电作业时，旁路电缆两侧的环网柜等设备均应带断路器（开关），并预留备用间隔。负荷电流应小于旁路系统额定电流。

解读：采用旁路作业方式进行电缆线路不停电作业时，旁路电缆两侧的环网柜等设备均应带断路器（开关），并预留备用间隔。以便于搭建旁路系统，临时供电同时将待检修电缆退出运行进行检修。两端断路器（开关）便于旁路系统的投切，或作业过程中发生故障时，切除故障，以保证作业员及设备安全。

9.5.2　旁路电缆终端与环网柜（分支箱）连接前应进行外观检查，绝缘部件表面应清洁、干燥，无绝缘缺陷，并确认环网柜（分支箱）柜体可靠接地；若选用螺栓式旁路电缆终端，应确认接入间隔的断路器（开关）已断开并接地。

解读：为了防止作业过程中旁路系统发生故障，以及作业人员发生触电事故。因此，旁路电缆终端与环网柜（分支箱）连接前应进行外观检查，绝缘部件表面应清洁、干燥，无绝缘缺陷，并确认环网柜（分支箱）柜体可靠接地。

因利用螺栓式旁路电缆搭建旁路系统时，预留间隔应先处于检修状态。所以若选用螺栓式旁路电缆终端，应确认接入间隔的断路器（开关）已断开并接地。

9.5.3　电缆旁路作业，旁路电缆屏蔽层应在两终端处引出并可靠接地，接地线的截面积不宜小于 25mm²。

解读：电缆屏蔽层感应电压会在屏蔽金属中产生循环电流，如果采取单端接地、另一端对地绝缘时，则没有电流流过，感应电压与电缆长度成正比，当电缆线路较长时，过高的感应电压可能危及人身安全、导致触电事故。截面积不小于 25mm² 接地线，能更好地将屏蔽金属中产生循环电流引入大地。所以电缆旁路作业，旁路电缆屏蔽层应在两终端处引出并可靠接地，接地线的截面积不宜小于 25mm²。

9.5.4　采用旁路作业方式进行电缆线路不停电作业前，应确认两侧备用间隔断路器（开关）及旁路断路器（开关）均在断开状态。

解读：为防止旁路电缆接入人员触电，所以采用旁路作业方式进行电缆线路不停电作业前，应确认两侧备用间隔断路器（开关）及旁路断路器（开关）均在断开状态。

9.5.5　旁路电缆使用前应进行试验，试验后应充分放电。

解读：旁路电缆使用前应进行试验，是为了防止有故障的旁路电缆接入旁路系统。旁路电缆试验后，会在电缆上存在大量残余电荷，若没有充分放电，作业人员将会受到电击，甚至发生触电事故。所以，旁路电缆使用前应进行试验，试验后应充分放电。

9.5.6　旁路电缆安装完毕后，应设置安全围栏和"止步，高压危险！"标示牌，防止旁路电缆受损或行人靠近旁路电缆。

解读：旁路电缆安装完毕后，应设置安全围栏和"止步，高压危险！"标示牌，是为了防止重型车辆进入作业区域碰撞或重压电缆造成损伤，同时也是防止无关人员进入作业区域，接近有电电缆发生触电事故。

9.6　带电立、撤杆

9.6.1　作业前，应检查作业点两侧电杆、导线及其他带电设备是否固定牢靠，必要时应采取加固措施。

解读：带电立、撤杆时，会引起作业点两侧导线弛度的变化，电杆、导线及其他带电设备所受应力也将发生改变，若作业点两侧电杆、导线及其他带电设备固定不牢靠，作业时可能引起倒杆、导线脱落等不安全情况，危及人身、设备安全。因此，作业前，应检查作业点两侧电杆、导线及其他带电设备是否固定牢靠，必要时应采取加固措施。

9.6.2　作业时，杆根作业人员应穿绝缘靴、戴绝缘手套，起重设备操作人员应穿绝缘靴。起重设备操作人员在作业过程中不得离开操作位置。

解读：为了防止杆根作业人员在起吊电杆过程中，发生感应电伤害或因意外泄漏电流触电，杆根作业人员应穿绝缘靴、戴绝缘手套。

为了随时调整电杆在起吊过程中的姿态，确保电杆安全起吊。在立杆时电杆未进入杆洞固定牢固，以及撤杆时电杆未完全放落地面固定牢固前，起重设备操作人员在作业过程中不得离开操作位置。

9.6.3 立、撤杆时，起重工器具、电杆与带电设备应始终保持有效的绝缘遮蔽或隔离措施，并有防止起重工器具、电杆等的绝缘防护及遮蔽器具绝缘损坏或脱落的措施。

解读：由于配电线路导线间隙小，起重工器具、电杆存在误碰带电设备的风险，导致单相接地或因误碰导线造成相间距离减小而相间短路。所以，立、撤杆时，起重工器具、电杆与带电设备应始终保持有效的绝缘遮蔽或隔离措施，并有防止起重工器具、电杆等的绝缘防护及遮蔽器具绝缘损坏或脱落的措施。

9.6.4 应使用足够强度的绝缘绳索作拉绳，控制电杆的起立方向。

解读：带电立、撤杆时，为了控制电杆的运动轨迹，防止电杆碰触带电部位，或因绳索断裂导致电杆在起吊过程中失控，造成单相接地或相间短路；同时为了防止作业人员因泄漏电流发生触电事故。所以带电立、撤杆时，应使用足够强度的绝缘绳索作拉绳，控制电杆的起立方向。

9.7 使用绝缘斗臂车的作业

9.7.1 绝缘斗臂车应根据 DL/T 854《带电作业用绝缘斗臂车的保养维护及在使用中的试验》定期检查。

解读：为了确保绝缘斗臂车在作业过程中，安全可靠、运行正常，及时发现缺陷与不足，绝缘斗臂车应根据《带电作业用绝缘斗臂车使用导则》（DL/T 854—2017）定期检查。

注：《带电作业用绝缘斗臂车的保养维护及在使用中的试验》（DL/T 854）于 2004 年 3 月 9 日首次发布，2004 年 6 月 1 日实施；已被 2017 年 11 月 5 日发布，2018 年 3 月 1 日实施的《带电作业用绝缘斗臂车使用导则》（DL/T 854—2017）代替。

9.7.2 绝缘臂的有效绝缘长度应大于 1.0m（10kV）、1.2m（20kV），下端宜装设泄漏电流监测报警装置。

解读：为了防止有效绝缘长度过短，而导致绝缘臂发生沿面闪络或整体击穿，发生单相接地或相间短路；所以绝缘臂的有效绝缘长度应大于 1.0m（10kV）、1.2m（20kV）。

绝缘臂下端装设泄漏电流监测报警装置，可随时监测泄漏电流，确定其绝缘水平可靠，以保证作业人员人身安全。

9.7.3　禁止绝缘斗超载工作。

解读：作业人员借助绝缘斗臂车进入电场时，若绝缘斗超载，可能发生下滑或横向移动，突然改变作业人员的位置，极易导致意外碰触不同电位物体，甚至造成高空坠落，造成作业人员人身伤害事故的发生。所以，禁止绝缘斗超载工作。

9.7.4　绝缘斗臂车操作人员应服从工作负责人的指挥，作业时应注意周围环境及操作速度。在工作过程中，绝缘斗臂车的发动机不得熄火（电能驱动型除外）。接近和离开带电部位时，应由绝缘斗中人员操作，下部操作人员不得离开操作台。

解读：带电作业工作负责人由具有带电作业资格和实践经验的人员担任，对作业全过程的安全负责，所以绝缘斗臂车操作人员应服从工作负责人的指挥。

为了防止操作过程中发生误碰，作业时应注意周围环境及操作速度（速度不应大于 0.5m/s）。

为了在作业过程中，很好的控制作业距离准确到位，应由绝缘斗中人员操作。

防止误操作等意外情况发生，及时纠正错误操作行为和处理突发意外情况，绝缘斗臂车的发动机不得熄火（电能驱动型除外），下部操作人员不得离开操作台。

9.7.5　绝缘斗臂车应选择适当的工作位置，支撑应稳固可靠；机身倾斜度不得超过制造厂的规定，必要时应有防倾覆措施。

解读：使用绝缘斗臂车进行带电作业时，作业位置处于高空及强电场中，为防止因车辆倾覆，导致作业人员高空坠落或意外触电，绝缘斗臂车应该支撑稳固。绝缘斗臂车选择适当的工作位置，是为了便于斗臂操作时避开障碍物顺利将作业人员送至合适的作业位置。

绝缘斗臂车选择的停放位置，应避开坑洞、暗沟等。软土地面，应在支撑腿下放置垫块或枕木；遇坡地，停放处坡度不应大于 7°，且车头应朝下坡方向。车辆应支撑到位，前后、左右呈水平（坡地停放时，前后水平差不应大于 3°）。

9.7.6　绝缘斗臂车使用前应在预定位置空斗试操作一次，确认液压传动、回转、升降、伸缩系统工作正常、操作灵活，制动装置可靠。

解读：为了确认绝缘斗臂车工况正常，停放工作位置合适，支撑牢固稳固。所以，绝缘斗臂车使用前应在预定位置空斗试操作一次，确认液压传动、回转、升降、伸缩系统工作正常、操作灵活，制动装置可靠。

9.7.7　绝缘斗臂车的金属部分在仰起、回转运动中，与带电体间的安全距离不得小于 0.9m（10kV）、1.0m（20kV）。工作中车体应使用不小于 16mm^2 的软铜线良好接地。

解读：绝缘臂的金属部分外形几何尺寸较大，在仰起、回转运动中，作业人员在操作过程中，由于绝缘臂操作过程中运动的惯性，难以精准控制与带电体的距离，故其安全距离增加 0.5m，与带电体间的安全距离不得小于 0.9m（10kV）、1.0m（20kV）。

绝缘斗臂车本体为金属部件，为了防止车体产生感应电，并将感应电完全释放到大地，避免地面作业人员触摸被电击受伤，故工作中车体应使用不小于 16mm^2 的软铜线良好接地。

9.8 带电作业工器具的保管、使用和试验

9.8.1 带电作业工具存放应符合 DL/T 974《带电作业用工具库房》的要求。

解读：带电作业工具存放应符合《带电作业用工具库房》（DL/T 974—2019）的要求。带电作业工具应存放于通风良好，清洁干燥的专用工具房内。工具房门窗应密闭严实，地面、墙面及顶面应采用不起尘、阻燃材料制作。配电带电作业工具房温度宜为 10～28℃，湿度不应大于 60%。只用来存放非绝缘类工具的库房可不做温、湿度要求。有条件的或新建的库房宜增设过渡间，过渡间内应设置工具保养、整理和暂存区域。过渡间应与工具存放区隔离。若室内外温差超过 10℃时，工具在出入库前宜在过渡间暂存 1h 以上，不出现凝露时再出库或入库存放。过渡间的温度宜设置为室内外温度的平均值。

注：《带电作业用工具库房》（DL/T 974）于 2005 年 11 月 28 日首次发布，2006 年 6 月 1 日实施；现行版为 2018 年 12 月 25 日发布，2019 年 5 月 1 日实施的《带电作业用工具库房》（DL/T 974—2018）。

9.8.2 带电作业工具的使用。

9.8.2.1 带电作业工具应绝缘良好、连接牢固、转动灵活，并按厂家使用说明书、现场操作规程正确使用。

解读：为了保证作业安全，带电作业工具使用前，仔细检查确认没有损坏、受潮、变形、失灵，否则禁止使用。并使用 2500V 及以上绝缘电阻表或绝缘检测仪进行分段检测（电极宽 2cm，极间宽 2cm），绝缘电阻值不低于 700MΩ。

很多带电作业工具是由多个部件组装而成，对额定荷重也有相应要求，所以绝缘工具应按厂家使用说明书、现场操作规程正确使用。

9.8.2.2 带电作业工具使用前应根据工作负荷校核机械强度，并满足规定的安全系数。

解读：带电作业工具除了有绝缘性能的规定，还有相应的额定荷重的要求。

有些带电作业项目在操作过程中会产生过牵引（如带电更换耐张整串绝缘子等），特别是承力工具使用前应根据工作负荷校核机械强度，并满足规定的安全系数。

9.8.2.3　运输过程中，带电绝缘工具应装在专用工具袋、工具箱或专用工具车内，以防受潮和损伤。发现绝缘工具受潮或表面损伤、脏污时，应及时处理并经试验或检测合格后方可使用。

解读：为了防止带电绝缘工具在运输过程中相互碰撞，或被其他物体撞击而受损伤，以及暴露在外受潮。运输过程中，带电绝缘工具应装在专用工具袋、工具箱或专用工具车内，以防受潮和损伤。

绝缘工具受潮或脏污时，会导致绝缘工具表面绝缘电阻下降，从而降低工具的绝缘强度。绝缘工具表面损伤，容易被潮浸。所以发现绝缘工具受潮或表面损伤、脏污时，应及时处理并经试验或检测合格后方可使用。

9.8.2.4　进入作业现场应将使用的带电作业工具放置在防潮的帆布或绝缘垫上，以防脏污和受潮。

解读：由于带电作业大多在野外，环境复杂、地面多是潮湿脏污。为了避免带电作业工具被地面、环境等，造成脏污、受潮；保证作业安全，进入作业现场应将使用的带电作业工具放置在防潮的帆布或绝缘垫上，以防脏污和受潮。

9.8.2.5　禁止使用有损坏、受潮、变形或失灵的带电作业装备、工具。操作绝缘工具时应戴清洁、干燥的手套。

解读：合格的带电作业装备、工具是安全可靠的完成带电作业整个操作过程的基本条件之一，因此作业现场禁止使用有损坏、受潮、变形或失灵的带电作业装备、工具；同时应将不合格的带电作业装备、工具及时修复，不能修复的应立即清除出库房，不得与合格的工器具混放，而被误用导致事故发生。

操作绝缘工具时应戴清洁、干燥的手套，防止绝缘工具在使用时脏污、受潮，降低绝缘性能，危及人身安全。

9.8.3　带电作业工器具试验应符合DL/T 976《带电作业工具、装置和设备预防性试验规程》的要求。

解读：带电作业工器具经过一段时间的使用和储存后，无论在电气性能还是机械性能方面，都可能出现一定程度的损伤或劣化。为了及时发现和处理这些问题，要定期进行试验。带电作业工器具试验应符合《带电作业工具、装置和设备预防性试验规程》（DL/T 976）的要求。

注：《带电作业工具、装置和设备预防性试验规程》（DL/T 976）于2005年11月28日首次发布，2006年6月1日实施；现行版为2017年11月15日发布，

2018 年 3 月 1 日实施的《带电作业工具、装置和设备预防性试验规程》（DL/T 976—2017）。

9.8.4 带电作业遮蔽和防护用具试验应符合 GB/T 18857《配电线路带作业技术导则》的要求。

解读：根据《配电线路带作业技术导则》（GB/T 18857）规定，绝缘防护及遮蔽用具的预防性试验应符合下列要求：10kV：试验电压 20kV 试验时间 1min 试验周期 6 个月；20kV：试验电压 30kV 试验时间 1min 试验周期 6 个月；试验中试品应无击穿、无闪络、无过热为合格。

注：《配电线路带作业技术导则》（GB/T 18857）于 2002 年 10 月 8 日首次发布，2003 年 4 月 1 日实施；第一次修订为 2008 年 12 月 30 日发布，2010 年 2 月 1 日实施；现行版为 2019 年 5 月 10 日发布，2019 年 12 月 1 日实施的《配电线路带电作业技术导则》（GB/T 18857—2019）。

习 题

1. 简答：试述预防性试验合格标志包含哪些内容，并作图加以说明。
2. 简答：有效绝缘长度是指什么？
3. 简答：什么情况下需要停用重合闸？

第四章

配电网不停电作业项目

第一节 10kV/20kV 作业项目

学习目标

1. 了解常用配电网不停电作业项目分类
2. 掌握不同作业项目的作业步骤及安全注意事项
3. 掌握不同作业项目的人员分工及所需工器具

知 识 点

10kV 配电网不停电作业（简称不停电作业）是提高配电网供电可靠性的重要手段。本节对配电网不停电作业中的 33 类 10kV/20kV 作业项目进行了详细的介绍，主要包含了各个项目的人员分工、所需工器具、作业步骤及安全注意事项。

常用配电网不停电作业项目按照作业难易程度，可分为四类：第一类简单绝缘杆作业法项目；第二类简单绝缘手套作业法项目；第三类复杂绝缘杆作业法和复杂绝缘手套作业法项目；第四类综合不停电作业项目。

一、第一类简单绝缘杆作业法项目

带电接引流线（包括熔断器上引线、分支线路引线、耐张杆引流线）。

1. 人员组合

本项目需 4 人，具体分工见表 4-1。

表 4-1　　　　　　　　　　人员分工（绝缘杆作业法）

人员	人数
工作负责人（兼工作监护人）	1 人
杆上电工（斗内电工）	2 人
地面电工	1 人

2. 作业方法

绝缘杆作业法（登杆作业或使用移动作业平台）

3. 主要工器具配备一览表

主要工器具配备一览表见表 4-2。

表 4-2　　　　　　　主要工器具配备一览表（绝缘杆作业法）

序号	名称		规格、型号	数量	备注
1	特种车辆	绝缘斗臂车	10kV	1 辆	
2	绝缘防护用具	绝缘手套	10kV	2 双	戴防护手套
3		绝缘安全帽	10kV	2 顶	
4		绝缘安全带	10kV	2 副	登杆应选用双重保护绝缘安全带
5	绝缘工具	绝缘杆套筒扳手	10kV	1 副	
6		导线遮蔽罩	10kV	若干	绝缘杆作业法用
7		专用遮蔽罩	10kV	若干	绝缘杆作业法用
8		线夹安装工具	10kV	1 副	绝缘杆作业法用
9		遮蔽罩操作杆	10kV	1 根	绝缘杆作业法用
10		J 型线夹安装工具	10kV	1 副	绝缘杆作业法用
11		绝缘线径测量仪	10kV	1 根	绝缘杆作业法用
12		绝缘锁杆	10kV	1 副	可同时锁定 2 根导线
13		绝缘测量杆	10kV	1 副	
14		绝缘杆式导线清扫刷	10kV	1 副	
15		绝缘导线剥皮器	10kV	1 套	绝缘杆作业法用
16		绝缘护罩安装工具	10kV	1 套	绝缘杆作业法用
17		绝缘传递绳	12mm	1 根	15m

续表

序号	名称		规格、型号	数量	备注
18	其他	绝缘测试仪	2500V 及以上	1 套	
19		验电器	10kV	1 套	
20		验电器	0.4kV	1 套	
21		护目镜	—	2 副	

4. 作业步骤

（1）工具储运和检测。

1）领用绝缘工具、安全用具及辅助器具，应核对工器具的使用电压等级和试验周期，并检查外观完好无损。

2）在运输过程中，工器具应存放在专用工具袋、工具箱或工具车内，以防受潮和损伤。

（2）现场操作前的准备。

1）工作负责人核对线路名称、杆号。

2）工作负责人检查确认负荷侧变压器、电压互感器确已退出，熔断器确已断开，熔管已取下，待接引流线确已空载，检查作业装置和现场环境符合带电作业条件。

3）工作负责人按配电带电作业工作票内容与值班调控人员联系，履行工作许可手续。

4）根据道路情况设置安全围栏、警告标志或路障。

5）工作负责人召集工作人员交代工作任务，对工作班成员进行危险点告知，交代安全措施和技术措施，确认每一个工作班成员都已知晓，检查工作班成员精神状态是否良好，人员是否合适。

6）整理材料，对安全用具、绝缘工具进行检查，使用 2500V 及以上绝缘电阻表或绝缘检测仪进行分段绝缘检测（电极宽 2cm，极间宽 2cm），阻值应不低于 700MΩ。

7）杆上电工检查电杆根部、基础和拉线是否牢固。

（3）操作步骤。

1）接熔断器上引线。

a. 杆上电工穿戴好绝缘防护用具，携带绝缘传递绳，登杆至合适工作位置。

b. 杆上电工使用验电器对绝缘子、横担进行验电，确认无漏电现象。

c. 杆上电工在地面电工配合下，将绝缘操作杆和绝缘遮蔽用具分别传至杆上，杆上电工利用绝缘操作杆按照从近到远、从下到上、先带电体后接地体的遮蔽原则对作业范围内不能满足安全距离的带电体和接地体进行绝缘遮蔽。

d. 杆上电工检查三相熔断器安装符合验收规范要求。

e. 杆上电工使用绝缘测量杆测量三相上引线长度，由地面电工做好上引线。

f. 杆上电工将三根上引线一端安装在熔断器上接线柱，并妥善固定。

g. 杆上电工先用导线清扫刷对三相导线的搭接处进行清除氧化层工作。

h. 杆上电工用绝缘锁杆锁住上引线另一端后提升上引线，将其固定在距离横担 0.6～0.7m 主导线上。

i. 杆上电工使用线夹安装工具安装线夹。

j. 杆上电工使用绝缘杆套筒扳手将线夹螺栓拧紧，使引线与导线可靠连接，然后撤除绝缘锁杆。

k. 其余两相熔断器上引线连接按相同的方法进行。三相熔断器引线连接应按先中间、后两侧的顺序进行。

l. 杆上电工和地面电工配合将绝缘工器具吊至地面，检查杆上无遗留物后，杆上电工返回地面。

2）接分支线路引线。

a. 斗内电工穿戴好绝缘防护用具，系好安全带，进入工作斗内，挂好安全带保险钩。

b. 斗内电工将工作斗调整至带电导线横担下侧适当位置，使用验电器对绝缘子、横担进行验电，确认无漏电现象。

c. 2 号电工将工作斗调整至合适工作位置，1 号电工用绝缘操作杆按照从近到远、从下到上、先带电体后接地体的遮蔽原则对不能满足安全距离的带电体和接地体进行绝缘遮蔽。

d. 1 号电工用绝缘操作杆测量三相引线长度并分别在适当位置切断三相引线，同时剥除三相引线绝缘皮。

e. 1 号电工使用绝缘测试仪分别检测三相待接引流线对地绝缘良好，并确认空载。

f. 2 号电工调整工作斗位置后，1 号电工使用绝缘杆游标卡尺测量绝缘导线外径。根据测量结果，2 号电工选择适当的刀具安装到绝缘杆式导线剥皮器上。

g. 1 号电工操作绝缘杆式导线剥皮器依次，剥除三相主导线搭接位置处的绝缘层。

h. 1 号电工调整 J 型线夹螺栓，使 J 型线夹连接主导线侧的开口向上，并将线夹安装到 J 型线夹安装工具上，旋紧压簧使 J 型线夹固定牢固。

i. 1 号电工用钢丝刷清除导线、引线连接处导线上的氧化层。

j. 2 号电工使用绝缘卡线勾卡紧中相待接引流线。

k. 1 号电工操作 J 型线夹安装工具，将 J 型线夹主导线开口侧安装到中相导线上。

l. 2 号电工操作绝缘卡线勾，将中相待接引流线安装到 J 型线夹的引线线槽内。

m. 1 号电工使用电动扳手、棘轮扳手，旋紧 J 型线夹安装工具的传动杆，直至 J 型线夹两楔块紧密贴合。

n. 2 号电工使用拉（合）闸操作杆旋松 J 型线夹安装工具的压簧，1 号电工取下 J 型线夹安装工具，并检查安装质量符合要求。

o. 1 号电工根据绝缘导线外径测量结果，按照绝缘护罩相应的刻度去除多余部分，将绝缘护罩嵌入护罩安装工具卡槽内（注意绝缘罩卡槽方向），并揭下绝缘护罩的防粘层。

p. 1 号电工操作绝缘护罩安装工具将绝缘护罩垂直安装到 J 型线夹上。

q. 2 号电工使用绝缘卡线勾调整引流线角度，使其定位于护罩的引流线槽内。

r. 2 号电工使用拉（合）闸操作杆向下闭合绝缘护罩安装工具的开口，并将拉（合）闸操作杆传递给 1 号电工。

s. 2 号电工首先在非引流线侧的主导线下方使用绝缘夹钳，按照由内至外的顺序逐点夹紧绝缘护罩的粘接口，使绝缘护罩与主导线贴合紧密，再按照由上到下的顺序将绝缘护罩非引流线侧的开口逐点夹紧。

t. 2 号电工使用绝缘夹钳在引流线侧的主导线下方按照由内至外的顺序逐点夹紧，使绝缘护罩与主导线贴合紧密；再将引流线处的护罩按照由内至外的顺序逐点夹紧，使绝缘护罩与引流线贴合紧密。

u. 2 号电工使用绝缘夹钳将绝缘护罩其余开口全部逐点夹紧后，1 号电工取下绝缘护罩安装工具，并检查安装质量符合要求。

v. 其余两相引线连接按相同的方法进行。三相引线连接，先连接中相，其余两相连接次序根据现场情况进行。

w. 工作结束后，按照从远到近、从上到下、先接地体后带电体的原则拆除绝缘遮蔽，作业人员返回地面。

3）接耐张杆引流线。

a. 杆上电工穿戴好绝缘防护用具，携带绝缘传递绳，登杆至合适工作位置。

b. 杆上电工使用验电器对绝缘子、横担进行验电，确认无漏电现象。

c. 杆上电工在地面电工配合下，将绝缘操作杆和绝缘遮蔽用具分别传至杆上，杆上电工利用绝缘操作杆按照从近到远、从下到上、先带电体后接地体装设遮蔽的原则对不能满足安全距离的近边相带电体和接地体进行绝缘遮蔽。其余两相绝缘遮蔽按相同方法进行。

d. 杆上电工使用绝缘测量杆测量三相上引线长度。如待接引流线为绝缘线，应在引流线端头部分剥除三相待接引流线的绝缘外皮。

e. 杆上电工调整位置至耐张横担下方，并与带电线路保持 0.4m 以上安全距离，以最小范围打开中相绝缘遮蔽，用导线清扫刷清除连接处导线上的氧化层。如导线为绝缘线，应先剥除绝缘外皮再进行清除连接处导线上的氧化层。

f. 杆上电工安装接续线夹，连接牢固后，迅速恢复绝缘遮蔽。如为绝缘线应恢复接续线夹处的绝缘及密封。

g. 其余两相引线连接按相同方法进行。三相引线连接，可按由复杂到简单、先难后易的原则进行，先中间相、后远边相、最后近边相，也可视现场实际情况从远到近依次进行。

h. 工作结束后，杆上电工按照从远到近、从上到下、先接地体后带电体的原则拆除绝缘遮蔽。作业人员返回地面。

（4）工作终结。

1）工作负责人组织工作人员清点工器具，并清理施工现场。

2）工作负责人对完成的工作进行全面检查，符合验收规范要求后，记录在册并召开现场收工会进行工作点评，宣布工作结束。

3）汇报值班调控人员工作已经结束，工作班撤离现场。

5. 安全措施及注意事项

（1）气象条件。带电作业应在良好天气下进行，风力大于 5 级，或湿度大于 80%时，不宜带电作业。若遇雷电、雪、雹、雨、雾等不良天气，禁止带电作业。带电作业过程中若遇天气突然变化，有可能危及人身及设备安全时，应立即停止工作，撤离人员，恢复设备正常状况，或采取临时安全措施。

（2）作业环境。如在车辆繁忙地段应与交通管理部门联系以取得配合。

（3）安全距离及有效绝缘长度。

1）作业中，人体应保持对带电体 0.4m 以上的安全距离；如不能确保该安全距离时，应采用绝缘遮蔽措施，遮蔽用具之间的重叠部分不得小于 150mm。

2）作业中，绝缘操作杆的有效绝缘长度应不小于 0.7m。

（4）重合闸。本项目一般无需停用线路重合闸。

（5）关键点。

1）工作人员使用绝缘工具在接触带电导线前，应得到工作监护人的许可。

2）在作业时，要注意带电上引线与横担及邻相导线的安全距离。

3）安装绝缘遮蔽时应按照由近及远、由低到高依次进行，拆除时与此相反。

（6）其他安全注意事项。

1）杆上电工登杆作业应正确使用安全带。

2）作业线路下层有低压线路同杆并架时，如妨碍作业，应对作业范围内的相关低压线路采用绝缘遮蔽措施。

3）在同杆架设线路上工作，与上层线路小于安全距离规定且无法采取安全措施时，不得进行该项工作。

4）上下传递工具、材料均应使用绝缘绳传递，严禁抛掷。

二、第二类简单绝缘手套作业法项目

（一）带电接引流线（包括熔断器上引线、分支线路引线、耐张杆引流线）

1. 人员组合

本项目需4人，具体分工见表4-3。

表4-3　　　　　　　　　人员分工（绝缘手套作业法）

人员	人数
工作负责人（兼工作监护人）	1人
斗内电工	2人
地面电工	1人

2. 作业方法

绝缘手套作业法。

3. 主要工器具配备一览表

主要工器具配备一览表见表4-4。

表4-4　　　　　　主要工器具配备一览表（绝缘手套作业法）

序号	名称		规格、型号	数量	备注
1	特种车辆	绝缘斗臂车	10kV	1辆	
2	绝缘防护用具	绝缘手套	10kV	2双	戴防护手套
3		绝缘安全帽	10kV	2顶	
4		绝缘服	10kV	2套	
5		绝缘安全带	10kV	2副	

续表

序号	名称		规格、型号	数量	备注
6	绝缘遮蔽用具	导线遮蔽罩	10kV	若干	
7		绝缘毯	10kV	若干	
8		横担遮蔽罩	10kV	2个	
9		熔断器遮蔽罩	10kV	3个	
10	绝缘工具	绝缘传递绳	12mm	1根	15m
11		绝缘测量杆	10kV	1副	
12		绝缘杆式导线清扫刷	10kV	1副	
13		绝缘锁杆	10kV	1副	可同时锁定2根导线
14	其他	绝缘测试仪	2500V及以上	1套	
15		验电器	10kV	1套	
16		护目镜	—	2副	

4. 作业步骤

（1）工具储运和检测。

1）领用绝缘工具、安全用具及辅助器具，应核对工器具的使用电压等级和试验周期，并检查外观完好无损。

2）在运输过程中，工器具应存放在专用工具袋、工具箱或工具车内，以防受潮和损伤。

（2）现场操作前的准备。

1）工作负责人核对线路名称、杆号。

2）工作负责人确认待接引流线下方无负荷，负荷侧变压器、电压互感器确已退出，熔断器确已断开，熔管已取下，待接引流线确已空载；检查作业装置和现场环境符合带电作业条件。

3）工作负责人按配电带电作业工作票内容与值班调控人员联系，履行工作许可手续。

4）绝缘斗臂车进入合适位置，并可靠接地；根据道路情况设置安全围栏、警告标志或路障。

5）工作负责人召集工作人员交代工作任务，对工作班成员进行危险点告知，交代安全措施和技术措施，确认每一个工作班成员都已知晓，检查工作班成员精神状态是否良好，人员是否合适。

6）整理材料，对安全用具、绝缘工具进行检查，使用2500V及以上绝缘电阻表或绝缘检测仪进行分段绝缘检测（电极宽 2cm，极间宽 2cm），阻值应不低于 700MΩ。查看绝缘臂、绝缘斗良好，调试斗臂车。

（3）操作步骤。

1）接熔断器上引线。

a. 斗内电工穿戴好绝缘防护用具，进入绝缘斗，挂好安全带保险钩。

b. 斗内电工将工作斗调整至带电导线横担下侧适当位置，使用验电器对绝缘子、横担进行验电，确认无漏电现象。

c. 斗内电工将绝缘斗调整至近边相导线外侧适当位置，按照从近到远、从下到上、先带电体后接地体的遮蔽原则对作业范围内的所有带电体和接地体进行绝缘遮蔽。其余两相绝缘遮蔽按相同方法进行。

d. 斗内电工将绝缘斗调整至熔断器横担下方，并与有电线路保持 0.4m 以上安全距离，用绝缘测量杆测量三相引线长度，根据长度做好连接的准备工作。

e. 斗内电工将绝缘斗调整到中间相导线下侧适当位置，使用清扫刷清除连接处导线上的氧化层。

f. 斗内电工将熔断器上引线与主导线进行可靠连接，恢复接续线夹处的绝缘及密封，并迅速恢复绝缘遮蔽。

g. 其余两相引线连接按相同方法进行。三相熔断器引线连接，可按由复杂到简单、先难后易的原则进行，先中间相、后远边相、最后近边相，也可视现场实际情况从远到近依次进行。

h. 工作结束后，按照从远到近、从上到下、先接地体后带电体的原则拆除绝缘遮蔽，绝缘斗退出有电工作区域，作业人员返回地面。

2）接分支线路引线。

a. 斗内电工穿戴好绝缘防护用具，进入绝缘斗，挂好安全带保险钩。

b. 斗内电工将工作斗调整至带电导线横担下侧适当位置，使用验电器对绝缘子、横担进行验电，确认无漏电现象。

c. 斗内电工将绝缘斗调整至近边相导线外侧适当位置，按照从近到远、从下到上、先带电体后接地体的遮蔽原则对作业范围内的所有带电体和接地体进行绝缘遮蔽。其余两相绝缘遮蔽按相同方法进行。

d. 斗内电工将绝缘斗调整至分支线路横担下方，测量三相待接引线长度，根据长度做好连接的准备工作。如待接引流线为绝缘线，应在引流线端头部分剥除三相待接引流线的绝缘外皮。

e. 斗内电工将绝缘斗调整到中间相导线下侧适当位置，以最小范围打开中相绝缘遮蔽，用导线清扫刷清除连接处导线上的氧化层。如导线为绝缘线，应先剥除绝缘外皮再进行清除连接处导线上的氧化层。

f. 斗内电工安装接续线夹，连接牢固后，恢复接续线夹处的绝缘及密封，并迅速恢复绝缘遮蔽。

g. 其余两相引线连接按相同方法进行。三相引线连接，可按由复杂到简单、先难后易的原则进行，先中间相、后远边相、最后近边相，也可视现场实际情况从远到近依次进行。

h. 工作结束后，按照从远到近、从上到下、先接地体后带电体的原则拆除绝缘遮蔽，绝缘斗退出有电工作区域，作业人员返回地面。

3）接耐张杆引流线

a. 斗内电工穿戴好绝缘防护用具，进入绝缘斗，挂好安全带保险钩。

b. 斗内电工将工作斗调整至带电导线横担下侧适当位置，使用验电器对绝缘子、横担进行验电，确认无漏电现象。

c. 斗内电工将绝缘斗调整至近边相导线外侧适当位置，按照从近到远、从下到上、先带电体后接地体的遮蔽原则对作业范围内的所有带电体和接地体进行绝缘遮蔽。其余两相绝缘遮蔽按相同方法进行。

d. 斗内电工将绝缘斗调整至耐张横担下方，测量三相待接引线长度，根据长度做好连接的准备工作。如待接引流线为绝缘线，应在引流线端头部分剥除三相带接引流线的绝缘外皮。

e. 斗内电工将绝缘斗调整到中间相导线下侧适当位置，以最小范围打开中相绝缘遮蔽，用导线清扫刷清除连接处导线上的氧化层。如导线为绝缘线，应先剥除绝缘外皮再进行清除连接处导线上的氧化层。

f. 斗内电工安装接续线夹，连接牢固后，如为绝缘线应恢复接续线夹处的绝缘及密封，并迅速恢复绝缘遮蔽。

g. 其余两相引线连接按相同方法进行。三相引线连接，可按由复杂到简单、先难后易的原则进行，先中间相、后远边相、最后近边相，也可视现场实际情况从远到近依次进行。

h. 工作结束后，按照从远到近、从上到下、先接地体后带电体的原则拆除绝缘遮蔽，绝缘斗退出有电工作区域，作业人员返回地面。

（4）工作终结。

1）工作负责人组织工作人员清点工器具，并清理施工现场。

2）工作负责人对完成的工作进行全面检查，符合验收规范要求后，记录在册并召开现场收工会进行工作点评，宣布工作结束。

3）汇报值班调控人员工作已经结束，工作班撤离现场。

5. 安全措施及注意事项

（1）气象条件。带电作业应在良好天气下进行，作业前须进行风速和湿度测量，风力大于 5 级，或湿度大于 80%时，不宜带电作业。若遇雷电、雪、雹、雨、雾等不良天气，禁止带电作业。带电作业过程中若遇天气突然变化，有可能危及人身及设备安全时，应立即停止工作撤离人员，恢复设备正常状况，或采取临时安全措施。

（2）作业环境。如在车辆繁忙地段应与交通管理部门联系以取得配合。

（3）安全距离及有效绝缘长度。

1）作业中，绝缘斗臂车绝缘臂的有效绝缘长度应不小于 1.0m，绝缘操作杆有效绝缘距离应不小于 0.7m。

2）作业中，人体应保持对地不小于 0.4m、对邻相导线不小于 0.6m 的安全距离；如不能确保该安全距离时，应采用绝缘遮蔽措施，遮蔽用具之间的重叠部分不得小于 150mm。

（4）重合闸。本项目一般无需停用线路重合闸。

（5）关键点。

1）工作人员在接触带电导线和换相工作前，应得到工作监护人的许可。

2）在作业时，要注意引线与横担及邻相导线的安全距离。

3）作业时，严禁人体同时接触两个不同的电位体；绝缘斗内双人工作时禁止两人接触不同的电位体。

4）待接引流线如为绝缘线，剥皮长度应比接续线夹长 2cm，且端头应有防止松散的措施。

（6）其他安全注意事项。

1）作业前应进行现场勘察。

2）斗臂车绝缘斗在有电工作区域转移时，应缓慢移动，动作要平稳；绝缘斗臂车作业时，发动机不能熄火（电能驱动型除外），以保证液压系统处于工作状态。

3）作业线路下层有低压线路同杆并架时，如妨碍作业，应对作业范围内的相关低压线路采取绝缘遮蔽措施。

4）在同杆架设线路上工作，与上层线路小于安全距离规定且无法采取安全措施时，不得进行该项工作。

5）上下传递工具、材料均应使用绝缘传递绳，严禁抛掷。

6）作业过程中禁止摘下绝缘防护用具。

（二）带电更换熔断器

1. 人员组合

本项目需4人，具体分工见表4-5。

表4-5　　　　　　　　人员分工（带电更换熔断器）

人员	人数
工作负责人（兼工作监护人）	1人
斗内电工	2人
地面电工	1人

2. 作业方法

绝缘手套作业法。

3. 主要工器具配备一览表

主要工器具配备一览表见表4-6。

表4-6　　　　　　主要工器具配备一览表（带电更换熔断器）

序号	名称		规格、型号	数量	备注
1	特种车辆	绝缘斗臂车	10kV	1辆	
2	绝缘防护用具	绝缘手套	10kV	2双	戴防护手套
3		绝缘安全帽	10kV	2顶	
4		绝缘服	10kV	2套	
5		绝缘安全带	10kV	2副	
6	绝缘遮蔽用具	导线遮蔽罩	10kV	6根	
7		跳线遮蔽罩	10kV	3根	
8		绝缘毯	10kV	若干	
9		熔断器遮蔽罩	10kV	3个	
10	绝缘工具	绝缘传递绳	12mm	1根	15m
11		绝缘操作杆	—	1副	拉、合熔断器用
12	其他	绝缘测试仪	2500V及以上	1套	
13		验电器	10kV	1套	
14		护目镜	—	2副	

4. 作业步骤

（1）工具储运和检测。

1）领用绝缘工具、安全用具及辅助器具，应核对工器具的使用电压等级和试验周期，并检查外观完好无损。

2）在运输过程中，工器具应存放在专用工具袋、工具箱或工具车内，以防受潮和损伤。

（2）现场操作前的准备。

1）工作负责人核对线路名称、杆号。

2）工作负责人检查确认熔断器确已断开，熔管已取下；检查作业装置和现场环境符合带电作业条件。

3）工作负责人按配电带电作业工作票内容与值班调控人员联系，申请停用线路重合闸。

4）绝缘斗臂车进入合适位置，并可靠接地，根据道路情况设置安全围栏、警告标志或路障。

5）工作负责人召集工作人员交代工作任务，对工作班成员进行危险点告知，交代安全措施和技术措施，确认每一个工作班成员都已知晓，检查工作班成员精神状态是否良好，人员是否合适。

6）整理材料，对安全用具、绝缘工具进行检查，使用 2500V 及以上绝缘电阻表或绝缘检测仪进行分段绝缘检测（电极宽 2cm，极间宽 2cm），阻值应不低于 700MΩ。查看绝缘臂、绝缘斗良好，调试斗臂车。

7）检查新熔断器的机电性能良好。

（3）操作步骤。

1）更换三相熔断器。

a. 斗内电工穿戴好全套绝缘防护用具，进入绝缘斗内，挂好安全带保险钩。

b. 斗内电工将工作斗调整至三相熔断器外侧适当位置，使用验电器对绝缘子、横担进行验电，确认无漏电现象。

c. 斗内电工将绝缘斗调整至近边相熔断器上引线外侧适当位置，按照从近到远、从下到上、先带电体后接地体的遮蔽原则对作业范围内的所有带电体和接地体进行绝缘遮蔽。

d. 其余两相绝缘遮蔽按相同方法进行。三相的绝缘遮蔽次序应先两边相、再中间相。

e. 斗内电工在中相熔断器前方，以最小范围打开绝缘遮蔽，拆除熔断器上桩头引线螺栓。调整绝缘斗位置后将断开的上引线端头可靠固定在同相上引线上，并恢复绝缘遮蔽。

f. 斗内电工拆除熔断器下桩头引线螺栓，更换熔断器。斗内电工对新安装熔断器进行分合情况检查，最后将熔断器置于拉开位置，连接好下引线。

g. 斗内电工将绝缘斗调整到中间相上引线合适位置，打开绝缘遮蔽，将熔断器上桩头引线螺栓连接好，并迅速恢复中相绝缘遮蔽。

h. 其余两相熔断器的更换按相同方法进行。拆除三相上桩头引线螺栓，可按由简单到复杂、先易后难的原则进行，根据现场情况先中间、后两侧。

2）仅更换近边相熔断器。

a. 斗内电工将绝缘斗调整至近边相与中相熔断器前方适当位置，使用验电器对绝缘子、横担进行验电，确认无漏电现象。

b. 在近边相与中间相之间加装隔离挡板，按照从近到远、从下到上、先带电体后接地体的遮蔽原则对作业范围内的所有带电体和接地体进行绝缘遮蔽。

c. 以最小范围打开绝缘遮蔽，拆除近边相熔断器上桩头引线螺栓。调整绝缘斗位置后将断开的上引线端头可靠固定在同相上引线上，并迅速恢复绝缘遮蔽。

d. 斗内电工拆除熔断器下桩头螺栓，更换近边相熔断器，连接好下引线并恢复绝缘遮蔽。

e. 斗内电工将绝缘斗调整到近边相上引线合适位置，打开绝缘遮蔽，将熔断器上桩头引线螺栓连接好，并迅速恢复近边相绝缘遮蔽。

3）仅更换远边相熔断器。

a. 斗内电工将绝缘斗调整至外边相与中相熔断器前方适当位置，使用验电器对绝缘子、横担进行验电，确认无漏电现象。

b. 在外边相与中间相之间加装隔离挡板，按照从近到远、从下到上、先带电体后接地体的遮蔽原则对作业范围内的所有带电体和接地体进行绝缘遮蔽。

c. 以最小范围打开绝缘遮蔽，拆除外边相熔断器上桩头引线螺栓。调整绝缘斗位置后将断开的上引线端头可靠固定在同相上引线上，并迅速恢复绝缘遮蔽。

d. 斗内电工拆除熔断器下桩头螺栓，更换近边相熔断器，连接好下引线。

e. 斗内电工将绝缘斗调整到外边相上引线合适位置，打开绝缘遮蔽，将熔断器上桩头引线螺栓连接好，并迅速恢复近边相绝缘遮蔽。

4）仅更换中间相熔断器。

a. 斗内电工将绝缘斗调整至近边相与中相熔断器前方适当位置，使用验电器对绝缘子、横担进行验电，确认无漏电现象。

b. 斗内电工将绝缘斗调整至近边相与中相熔断器前方适当位置，在近边相与中间相之间加装隔离挡板。

c. 斗内电工将绝缘斗调整至外边相与中相熔断器前方适当位置，在外边相与中间相之间加装隔离挡板。

d. 按照从近到远、从下到上、先带电体后接地体的遮蔽原则对作业范围内的所有带电体和接地体进行绝缘遮蔽。

e. 以最小范围打开绝缘遮蔽，拆除中间相熔断器上桩头引线螺栓。调整绝缘斗位置后将断开的上引线端头可靠固定在同相上引线上，并迅速恢复绝缘遮蔽。

f. 斗内电工拆除熔断器下桩头螺栓，更换近边相熔断器，连接好下引线并恢复绝缘遮蔽。

g. 斗内电工将绝缘斗调整到中间相上引线合适位置，打开绝缘遮蔽，将熔断器上桩头引线螺栓连接好，并迅速恢复中间相绝缘遮蔽。

5）工作结束后，按照从远到近、从上到下、先接地体后带电体的原则拆除绝缘遮蔽，绝缘斗退出有电工作区域，返回地面。

（4）工作终结。

1）工作负责人组织工作人员清点工器具，并清理施工现场。

2）工作负责人对完成的工作进行全面检查，符合验收规范要求后，记录在册并召开现场收工会进行工作点评，宣布工作结束。

3）汇报值班调控人员工作已经结束，恢复线路重合闸，工作班撤离现场。

5. 安全措施及注意事项

（1）气象条件。带电作业应在良好天气下进行，作业前须进行风速和湿度测量，风力大于 5 级或湿度大于 80%时，不宜带电作业。若遇雷电、雪、雹、雨、雾等不良天气，禁止带电作业。带电作业过程中若遇天气突然变化，有可能危及人身及设备安全时，应立即停止工作撤离人员，恢复设备正常状况，或采取临时安全措施。

（2）作业环境。在车辆繁忙地段应与交通管理部门联系以取得配合。

（3）安全距离及有效绝缘长度。

1）作业中，绝缘斗臂车绝缘臂的有效绝缘长度应不小于 1.0m，绝缘操作杆有效绝缘长度应不小于 0.7m。

2）作业中，人体应保持对地不小于 0.4m、对邻相导线不小于 0.6m 的安全距离；如不能确保该安全距离时，应采用绝缘遮蔽措施，遮蔽用具之间的重叠部分不得小于 150mm。

（4）重合闸。本项目需停用线路重合闸。

（5）关键点。

1）在接触带电导线和换相工作前，应得到工作监护人的许可。

2）作业时，严禁人体同时接触两个不同的电位体；绝缘斗内双人工作时禁止两人接触不同的电位体。

（6）其他安全注意事项。

1）作业前应进行现场勘察。

2）斗臂车绝缘斗在有电工作区域转移时，应缓慢移动，动作要平稳；绝缘斗臂车作业时，发动机不能熄火（电能驱动型除外），以保证液压系统处于工作状态。

3）作业线路下层有低压线路同杆并架时，如妨碍作业，应对作业范围内的相关低压线路采取绝缘遮蔽措施。

4）在同杆架设线路上工作，与上层线路小于安全距离规定且无法采取安全措施时，不得进行该项工作。

5）上下传递工具、材料均应使用绝缘传递绳，严禁抛掷。

6）作业过程中禁止摘下绝缘防护用具。

（三）带电更换直线杆绝缘子及横担

1. 人员组合

本项目需 4 人，具体分工见表 4-7。

表 4-7　　　　　　人员分工（带电更换直线杆绝缘子及横担）

人员	人数
工作负责人（兼工作监护人）	1 人
斗内电工	2 人
地面电工	1 人

2. 作业方法

绝缘手套作业法。

3. 主要工器具配备一览表

主要工器具配备一览表见表 4-8。

表 4−8　　主要工器具配备一览表（带电更换直线杆绝缘子及横担）

序号	名称		规格、型号	数量	备注
1	特种车辆	绝缘斗臂车	10kV	1 辆	
2	绝缘防护用具	绝缘手套	10kV	2 双	戴防护手套
3		绝缘安全帽	10kV	2 顶	
4		绝缘服	10kV	2 套	
5		绝缘安全带	10kV	2 副	
6	绝缘遮蔽用具	导线遮蔽罩	10kV	6 根	
7		绝缘毯	10kV	8 块	
8		横担遮蔽罩	10kV	2 个	
9		绝缘子遮蔽罩	10kV	1 个	
10	绝缘工具	绝缘传递绳	12mm	1 根	15m
11		绝缘横担	10kV	1 副	
12	其他	绝缘测试仪	2500V 及以上	1 套	
13		验电器	10kV	1 套	

4. 作业步骤

（1）工具储运和检测。

1）领用绝缘工具、安全用具及辅助器具，应核对工器具的使用电压等级和试验周期，并检查外观完好无损。

2）在运输过程中，工器具应存放在专用工具袋、工具箱或工具车内，以防受潮和损伤。

（2）现场操作前的准备。

1）工作负责人核对线路名称、杆号。

2）工作负责人检查作业点两侧的电杆根部、基础是否牢固，导线固定是否牢固，检查作业装置和现场环境符合带电作业条件。

3）工作负责人按配电带电作业工作票内容与值班调控人员联系，履行工作许可手续。

4）绝缘斗臂车进入合适位置，并可靠接地；根据道路情况设置安全围栏、警告标志或路障。

5）工作负责人召集工作人员交代工作任务，对工作班成员进行危险点告知，交代安全措施和技术措施，确认每一个工作班成员都已知晓，检查工作班成员精神状态是否良好，人员是否合适。

6）整理材料，对安全用具、绝缘工具进行检查，使用 2500V 及以上绝缘电阻表或绝缘检测仪进行分段绝缘检测（电极宽 2cm，极间宽 2cm），阻值应不低于 700MΩ。查看绝缘臂、绝缘斗良好，调试斗臂车。

7）检查新绝缘子的机电性能良好。

（3）操作步骤。

1）待更换横担上方安装绝缘横担法。

a. 斗内电工穿戴好全套绝缘防护用具，进入绝缘斗内，挂好安全带保险钩。

b. 斗内电工将工作斗调整至带电导线横担下侧适当位置，使用验电器对绝缘子、横担进行验电，确认无漏电现象。

c. 斗内电工将绝缘斗调整到近边相导线外侧适当位置，按照从近到远、从下到上、先带电体后接地体的遮蔽原则对作业范围内的所有带电体和接地体进行绝缘遮蔽。其余两相遮蔽按相同方法进行，绝缘遮蔽次序按照先近边相、后远边相、最后中间相。

d. 斗内电工互相配合，在电杆高出横担约 0.4m 的位置安装绝缘横担。

e. 斗内电工将绝缘斗调整到近边相外侧适当位置，使用绝缘斗小吊绳固定导线，收紧小吊绳，使其受力。

f. 斗内电工拆除绝缘子绑扎线，调整吊臂提升导线使近边相导线置于临时支撑横担上的固定槽内，然后扣好保险环。

g. 远边相按照相同方法进行。

h. 斗内电工互相配合拆除旧绝缘子及横担，安装新绝缘子及横担，并对新安装绝缘子及横担设置绝缘遮蔽。

i. 斗内电工调整绝缘斗到远边相外侧适当位置，使用小吊绳将远边相导线缓缓放入已更换新绝缘子顶槽内，使用绑扎线固定，恢复绝缘遮蔽。

j. 近边相按照相同方法进行。

k. 斗内电工互相配合拆除杆上临时支撑横担。

2）绝缘斗臂车配有绝缘横担组合，且导线采用水平排列时，可采用以下方法实施本项目：

a. 斗内电工穿戴好全套绝缘防护用具，进入绝缘斗内，挂好安全带保险钩。

b. 斗内电工将工作斗调整至带电导线横担下侧适当位置，使用验电器对绝缘子、横担进行验电，确认无漏电现象。

c. 绝缘遮蔽措施完成后，将绝缘斗返回地面，斗内电工在地面电工协助下在吊臂上组装绝缘横担后返回导线下准备支撑导线。

d. 斗内电工调整吊臂使三相导线分别置于绝缘横担上的滑轮内，然后扣好保险环。

e. 斗内电工操作将绝缘横担缓缓上升，使绝缘横担受力。拆除导线绑扎线，缓缓支撑起三相导线，提升高度应不少于 0.4m。

f. 斗内电工在地面电工配合下更换直线横担，并安装绝缘子。恢复绝缘遮蔽措施。

g. 斗内电工操作将绝缘横担缓缓下降，使中相导线下降至中相绝缘子线槽，用绑扎线固定。打开中相滑轮保险后，继续下降绝缘横担，并按相同方法分别固定两边相导线。

3）工作结束后，按照从远到近、从上到下、先接地体后带电体的原则拆除绝缘遮蔽，绝缘斗退出有电工作区域，作业人员返回地面。

（4）工作终结。

1）工作负责人组织工作人员清点工器具，并清理施工现场。

2）工作负责人对完成的工作进行全面检查，符合验收规范要求后，记录在册并召开现场收工会进行工作点评，宣布工作结束。

3）汇报值班调控人员工作已经结束，工作班撤离现场。

5. 安全措施及注意事项

（1）气象条件。带电作业应在良好天气下进行，作业前须进行风速和湿度测量，风力大于 5 级或湿度大于 80%时，不宜带电作业。若遇雷电、雪、雹、雨、雾等不良天气，禁止带电作业。带电作业过程中若遇天气突然变化，有可能危及人身及设备安全时，应立即停止工作撤离人员，恢复设备正常状况，或采取临时安全措施。

（2）作业环境。在车辆繁忙地段应与交通管理部门联系以取得配合。

（3）安全距离及有效绝缘长度。

1）作业中，绝缘斗臂车绝缘臂的有效绝缘长度应不小于 1.0m，绝缘支杆或撑杆的有效绝缘长度应不小于 0.7m。

2）作业中，人体应保持对地不小于 0.4m、对邻相导线不小于 0.6m 的安全距离；如不能确保该安全距离时，应采用绝缘遮蔽措施，遮蔽用具之间的重叠部分不得小于 150mm。

（4）重合闸。本项目一般无需停用线路重合闸。

（5）关键点。

1）在接触带电导线和换相工作前，应得到工作监护人的许可。

2）如对横担验电发现有电，禁止继续实施本项目。

3）提升导线前及提升过程中，应检查两侧电杆上的导线绑扎线是否牢靠，如有松动、脱线现象，应重新绑扎加固后方可进行作业。

4）提升和下降导线时，要缓缓进行，以防止导线晃动，避免造成相间短路；地面的绝缘绳索固定应可靠牢固，避免松动。

5）作业时，严禁人体同时接触两个不同的电位体；绝缘斗内双人工作时禁止两人接触不同的电位体。

（6）其他安全注意事项。

1）作业前应进行现场勘察。

2）斗臂车绝缘斗在有电工作区域转移时，应缓慢移动，动作要平稳；绝缘斗臂车作业时，发动机不能熄火（电能驱动型除外），以保证液压系统处于工作状态。

3）作业线路下层有低压线路同杆并架时，如妨碍作业，应对作业范围内的相关低压线路采取绝缘遮蔽措施。

4）在同杆架设线路上工作，与上层线路小于安全距离规定且无法采取安全措施时，不得进行该项工作。

5）上下传递工具、材料均应使用绝缘传递绳，严禁抛掷。

6）作业过程中禁止摘下绝缘防护用具。

三、第三类复杂绝缘杆作业法和复杂绝缘手套作业法项目

（一）带电更换耐张绝缘子串及横担

1. 人员组合

本项目需要 4 人，具体分工见表 4-9。

表 4-9　　　　　　　人员分工（带电更换耐张绝缘子串及横担）

人员	人数
工作负责人（兼工作监护人）	1 人
斗内电工	2 人
地面电工	1 人

2. 作业方法

绝缘手套作业法。

3. 主要工器具配备一览表

主要工器具配备一览表见表 4-10。

表 4-10　　主要工器具配备一览表（带电更换耐张绝缘子串及横担）

序号	名称		规格、型号	数量	备注
1	特种车辆	绝缘斗臂车	10kV	2 辆	
2	绝缘防护用具	绝缘手套	10kV	2 双	戴防护手套
3		绝缘安全帽	10kV	2 顶	
4		绝缘服	10kV	2 套	
5		绝缘安全带	10kV	2 副	
6	绝缘遮蔽用具	绝缘毯	10kV	若干	
7		导线遮蔽罩	10kV	6 根	
8	绝缘工具	绝缘传递绳	12mm	1 根	15m
9		绝缘横担	10kV	1 副	临时搁置导线用
10		绝缘紧线器	—	6 副	带卡头
11		后备保护绳	12mm	3 条	5m，两侧带卡头
12		绝缘引流线	4m	1 条	符合现场电流要求
13	其他	绝缘测试仪	2500V 及以上	1 套	
14		验电器	10kV	1 套	

4. 作业步骤

（1）工具储运和检测。

1）领用绝缘工具、安全用具及辅助器具，应核对工器具的使用电压等级和试验周期，并检查外观完好无损。

2）在运输过程中，各种工器具应存放在专用工具、工具箱或工具车内，以防受潮和损伤。

（2）现场操作前的准备。

1）工作负责人核对线路名称、杆号。

2）工作负责人检查作业点两侧电杆基础及导线固定情况，检查作业点电杆基础及电杆表面质量符合要求，检查作业装置和现场环境符合带电作业条件。

3）工作负责人按配电带电作业工作票内容与值班调控人员联系，申请停用线路重合闸。

4）绝缘斗臂车进入合适位置，并可靠接地，根据道路情况设置安全围栏、警告标志或路障。

5）工作负责人召集工作人员交代工作任务，对工作班成员进行危险点告知，交代安全措施和技术措施，确认每一个工作班成员都已知晓，检查工作班成员精神状态是否良好，人员是否合适。

6）整理材料，对安全用具、绝缘工具进行检查，使用 2500V 及以上绝缘电阻表或绝缘检测仪进行分段绝缘检测（电极宽 2cm，极间宽 2cm），阻值应不低于 700MΩ。检查绝缘臂、绝缘斗良好，调试斗臂车。

7）检查新绝缘子的机电性能良好。

（3）操作步骤。

1）横担下方绝缘横担法。

a. 两辆绝缘斗臂车斗内电工穿戴好绝缘防护用具，各自进入绝缘斗臂车工作斗，挂好安全带保险钩。

b. 斗内电工将工作斗调整至带电导线横担下侧适当位置，使用验电器对绝缘子、横担进行验电，确认无漏电现象。

c. 两辆绝缘斗臂车斗内电工进入工作位置后，分别对耐张横担两侧近边相按照从近到远、从下到上、先带电体后接地体的遮蔽原则依次做好导线、耐张线夹、绝缘子串及横担的绝缘遮蔽措施。其余两相绝缘遮蔽按照相同顺序进行，中间相还应对电杆进行绝缘遮蔽。

d. 斗内电工配合在横担下方大于 0.4m 处装设绝缘横担。

e. 两辆绝缘斗臂车斗内电工在近边相耐张横担两侧安装绝缘绳套，各自将绝缘紧线器一端固定于绝缘绳套上，在两个紧线器外侧加装后备保护。同时将导线收紧。再收紧后备保护绳。

f. 待耐张绝缘子串松弛后，斗内电工脱开连接耐张线夹与绝缘子串的碗头挂板，使绝缘子串脱离导线，用绝缘绳将连接耐张线夹并检查确认是否牢固可靠。

g. 斗内电工各自缓慢松线，使绝缘绳受力。

h. 斗内电工各自松开并拆除绝缘紧线器，将绝缘绳搁置在绝缘横担上并锁好保险环或用绝缘绳索固定，并做好绝缘遮蔽措施。

i. 按相同的方法完成远边相的工作。

j. 斗内电工配合拆除旧横担，换上新横担及绝缘子串。恢复绝缘遮蔽隔离措施。

k. 斗内电工各自在新横担上装设绝缘紧线器，同时收紧导线，装好后备保护绳。拆除连接横担两侧耐张线夹的绝缘绳后，连接线夹与绝缘子串，并检查是否牢靠。最后放松绝缘紧线器，待耐张绝缘子串受力正常后拆除后备保护绳和绝缘紧线器。

l. 如需更换中间相绝缘子串，步骤相同。

2）下落横担法。

a. 两辆绝缘斗臂车斗内电工穿戴好绝缘防护用具，各自进入绝缘斗臂车斗，挂好安全带保险钩。

b. 斗内电工将工作斗调整至带电导线横担下侧适当位置，使用验电器对绝缘子、横担进行验电，确认无漏电现象。

c. 两辆绝缘斗臂车斗内电工调整绝缘斗至近边相导线处，按照从近到远、从下到上、先带电体后接地体的遮蔽原则依次对耐张横担两侧近边相导线、耐张线夹、引流线、绝缘子串及横担的绝缘遮蔽措施。其余两相绝缘遮蔽按照相同顺序进行，中间相还应对电杆进行绝缘遮蔽。

d. 两斗臂车的斗内电工配合适当松开原耐张横担螺栓，横担下降 0.4m 以下。

e. 在原横担处安装新的耐张横担、耐张绝缘子串，并可靠固定。对新安装的横担、耐张绝缘子串恢复绝缘遮蔽。

f. 两斗臂车的斗内电工配合在近边相新耐张横担两侧安装绝缘绳套，各自将绝缘紧线器一端固定于绝缘绳套上，在紧线器外侧加装后备保护。同时将导线收紧。再收紧后备保护绳。

g. 待耐张绝缘子串松弛后，斗内电工脱开旧耐张线夹与绝缘子之间的碗头挂板，使绝缘子串脱离导线。

h. 两斗臂车内斗内电工相互配合，将耐张线夹安装到新的耐张绝缘子串上。然后放松绝缘紧线器，待耐张绝缘子串受力正常后拆除后备保护绳和绝缘紧线器。

i. 按同样方法进行另一边相导线的转移操作。

j. 两斗臂车的斗内电工在中相新的耐张横担处安装绝缘绳套、绝缘紧线器及后备保护绳套。

k. 使用一条绝缘引流线短接中相横担两侧的导线。使用电流检测仪分别检测绝缘引流线分流正常后拆除耐张引流线。

l. 两斗臂车的斗内电工相互配合，同时将导线收紧，再收紧后备保护绳。

m. 待耐张绝缘子串松弛后，斗内电工脱开旧耐张线夹与绝缘子之间的碗头挂板，使绝缘子串脱离导线。

n. 两斗臂车内斗内电工相互配合，将中间相耐张线夹安装到新的耐张绝缘子串上。然后放松绝缘紧线器，待耐张绝缘子串受力正常后拆除后备保护绳和绝缘紧线器。

o. 搭接耐张引流线。使用电流检测仪确认引流线载流正常后，拆除绝缘分流线。

p. 拆除旧横担。

3）工作结束后，按照从远到近、从上到下、先接地体后带电体拆除原则拆除杆上设备绝缘遮蔽，绝缘斗退出带电工作区域，作业人员返回地面。

（4）工作终结。

1）工作负责人组织工作人员清点工器具，并清理施工现场。

2）工作负责人对完成的工作进行全面检查，符合验收规范要求后，记录在册并召开现场收工会进行工作点评后，宣布工作结束。

3）汇报值班调控人员工作已经结束，恢复线路重合闸，工作班撤离现场。

5. 安全措施及注意事项

（1）气象条件。带电作业应在良好天气下进行，风力大于 5 级，或湿度大于 80%时，不宜带电作业。若遇雷电、雪、雹、雨、雾等不良天气，禁止带电作业。带电作业过程中若遇天气突然变化，有可能危及人身及设备安全时，应立即停止工作，撤离人员，恢复设备正常状况，或采取临时安全措施。

（2）作业环境。在车辆繁忙地段应与交通管理部门联系以取得配合。

（3）安全距离及有效绝缘长度。

1）作业中，绝缘斗臂车绝缘臂有效绝缘长度应不小于 1.0m，绝缘拉杆、绝缘连扳和后备保护的有效绝缘长度应不小于 0.4m。

2）作业中，人体应保持对地不小于 0.4m、对邻相导线不小于 0.6m 的安全距离，如不能确保该安全距离时，应采用绝缘遮蔽措施，遮蔽用具之间的重叠部分不得小于 150mm。

（4）重合闸。本项目需停用线路重合闸。

（5）关键点。

1）作业人员在接触带电导线、进行换相工作转移前，应得到监护人的许可。

2）如验电发现横担有电，禁止作业。

3）作业时，严禁人体同时接触两个不同的电位体；绝缘斗内双人工作时禁止两人接触不同的电位体。

4）应有防止导线脱落的后备保护措施，应密切关注绝缘连板的受力情况。

5）两绝缘斗臂车斗内电工紧线、松线应同步进行，防止横担扭转。

6）转移导线应平稳。

7）防护手套不作为绝缘防护用具，在操作过程中不应短接绝缘子泄漏距离。

（6）其他安全注意事项。

1）作业前应进行现场勘察。

2）当斗臂车绝缘斗距带电线路 1～2m 或工作转移时，应缓慢移动，动作要平稳，严禁使用快速挡；绝缘斗臂车在作业时，发动机不能熄火（电能驱动型除外），以保证液压系统处于工作状态。

3）作业线路下层有低压线路同杆并架时，如妨碍作业，应对作业范围内的相关低压线路采取绝缘遮蔽措施。

4）在同杆架设线路上工作，与上层线路小于安全距离规定且无法采取安全措施时，不得进行该项工作。

5）上下传递工具、材料均应使用绝缘传递绳绑扎，严禁抛掷。

6）作业过程中禁止摘下绝缘防护用具。

（二）不停电更换柱上变压器

1. 人员组合

本项目需 12 人，具体分工见表 4-11。

表 4-11　　　　　　　人员分工（不停电更换柱上变压器）

人员	人数
工作协调人	1 人
带电工作负责人（兼工作监护人）	1 人
停电工作负责人（兼工作监护人）	1 人
斗内电工	1 人
杆上电工	4 人
地面电工	2 人
倒闸操作人员	1 人
专责监护人	1 人

2. 作业方法

综合不停电作业法。

3. 主要工器具配备一览表

主要工器具配备一览表见表 4-12。

表 4-12　　　　主要工器具配备一览表（不停电更换柱上变压器）

序号	名称		规格、型号	数量	备注
1	特种车辆	发电车	10kV	1 辆	配套低压引线
2		移动箱变车		1 辆	配套的高低压旁路电缆

续表

序号	名称		规格、型号	数量	备注
3	特种车辆	绝缘斗臂车	10kV	1辆	
4		吊车	8t	1辆	
5	绝缘防护用具	绝缘手套	10kV	6双	戴防护手套
6		绝缘安全帽	10kV	5顶	
7		绝缘服	10kV	1套	
8		绝缘安全带	10kV	5副	登杆应选用双重保护绝缘安全带
9	绝缘工具	绝缘操作杆	10kV	1根	
10		绝缘横担	10kV	1套	
11		绝缘传递绳	12mm	1根	15m
12	绝缘遮蔽用具	绝缘毯	10kV	若干	
13		导线遮蔽罩	10kV	6根	
14	其他	余缆支架	—	2副	
15		绝缘测试仪	2500V 及以上	1套	
16		低压相序表	—	1块	
17		验电器	10kV	1套	
18		低压验电器	0.4kV	1套	
19		接地线	—	2套	高、低压各1套

4. 作业步骤

（1）工具储运和检测。

1）领用绝缘工器具、安全用具及辅助器具，应核对工器具的使用电压等级和试验周期，并检查外观完好无损。

2）运输过程中，工器具应装在专用工具袋、工具箱或专用工具车内，以防受潮和损伤。

（2）现场操作前的准备。

1）工作负责人核对线路名称、杆号。

2）工作负责人检查作业装置、现场环境符合作业条件。

3）带电工作负责人按配电带电作业工作票内容与值班调控人员联系，申请停用线路重合闸。

4）绝缘斗臂车进入合适位置，并可靠接地；发电车或移动箱变车接地（低压侧工作接地、保护接地）。根据道路情况设置安全围栏、警告标志或路障。

5）工作负责人召集工作人员交代工作任务，对工作班成员进行危险点告知，交代安全措施和技术措施，确认每一个工作班成员都已知晓，检查工作班成员精神状态是否良好，人员是否合适。

6）整理材料，对安全用具、绝缘工具进行检查，并使用 2500V 及以上绝缘电阻表或绝缘检测仪进行分段绝缘检测（电极宽 2cm，极间宽 2cm），阻值应不低于 700MΩ。检查绝缘臂、绝缘斗良好，调试斗臂车。

7）工作前，应先检查电杆基础及电杆表面质量符合要求。

（3）操作步骤。

1）利用发电车更换柱上变压器（短时停电作业）。

a. 负荷导出：① 发电车、吊车、绝缘斗臂车进入工作现场，定位于最佳工作位置并可靠接地；② 斗内电工分别穿戴好绝缘防护用具，各自进入绝缘斗，挂好安全带保险钩；③ 斗内电工升起工作斗，定位到便于作业的位置；④ 斗内电工确认变压器低压输出各相相色，使用相序表确认相序无误；⑤ 地面电工确认发电车低压输出总开关在断开位置；⑥ 杆上电工将发电车输出的 4 条低压电缆按照核准的相序与带电的低压线路主导线连接并确认连接良好；⑦ 倒闸操作人员启动发电车；⑧ 地面电工拉开变台低压隔离开关，再拉开熔断器；⑨ 倒闸操作人员合上发电车低压输出总开关，确认带出低压负荷正常。

b. 停电班组更换变压器：① 低压负荷导出后，带电工作负责人通知工作协调人，工作协调人通知停电工作负责人可以开始工作；② 停电工作负责人按照配电第一种工作票内容与值班调控人员联系，确认可以开工；③ 杆上电工用 10kV 验电器对变压器高压母线进行验电，验明无电后挂第一组接地线；④ 斗内电工分别拆除变压器低压刀闸上引线与低压线路连接处的线夹并将上引线可靠固定，用绝缘毯对起吊范围内的低压带电部分进行绝缘遮蔽；⑤ 杆上电工在低压隔离开关外侧挂好第二组接地线；⑥ 更换柱上变压器；⑦ 工作完成后，拆除两组接地线，地面电工先合上熔断器；⑧ 斗内电工用电压表测量低压出口电压，确认电压正常；⑨ 斗内电工按照原拆原搭的原则，恢复低压隔离开关至低压主线路的二次上引线，返回地面；⑩ 斗内电工用相序表在变压器低压隔离开关处核对相序无误。

c. 恢复原运行方式：① 倒闸操作人员拉开发电车低压输出总开关，确认低压侧无负荷；② 地面电工合上低压隔离开关，确认带出低压负荷正常；③ 杆上电工带电拆除发电车与低压线路连接的 4 条电缆，并恢复低压导线的绝缘，返回地面；④ 作业人员回收 4 条低压电缆。

2）利用移动箱变车更换柱上变压器（短时停电作业）。

a. 带电作业人员组装旁路系统：① 移动箱变车定位于适合作业位置，将移动箱变车的工作接地（N 线）与柱上变压器的接地极可靠连接；② 移动箱变车外壳应可靠接地，并应与柱上变压器的工作接地保持 5m 以上距离；③ 绝缘斗臂车、吊车进入工作现场，定位于最佳工作位置并装好接地线；④ 斗内电工穿戴好安全防护用具，进入工作斗，扣好安全带保险环；⑤ 斗内电工升起工作斗，定位到便于杆上作业的位置；⑥ 斗内电工对作业范围内不能满足安全距离要求的带电体和接地体进行绝缘遮蔽；⑦ 斗内电工调整工作斗定位于安装旁路负荷开关位置，在杆上电工配合下安装旁路负荷开关及余缆工具，旁路负荷开关外壳应良好接地；⑧ 作业人员根据施工方案敷设旁路设备地面防护装置；⑨ 斗内电工、杆上电工相互配合将与移动箱变连接的旁路电缆首端按相位色与旁路开关负荷侧连接好；⑩ 作业人员在敷设好的旁路设备地面防护装置内敷设移动箱变车的高压旁路电缆，检查无误后，作业人员盖好旁路设备地面防护装置保护盖；⑪ 斗内电工、杆上电工相互配合将与架空线连接的旁路高压引下电缆一端与旁路开关电源侧按相位色连接好，将剩余电缆可靠固定在余缆工具上，杆上电工返回地面；⑫ 斗内电工合上旁路负荷开关，使用绝缘测试仪对组装好的高压旁路设备进行绝缘性能检测，绝缘电阻应不小于 500MΩ；⑬ 斗内电工将旁路电缆分相可靠接地充分放电后，将旁路负荷开关拉开；⑭ 作业人员将旁路高压电缆终端按照核准的相位安装到移动箱变主进开关对应的电缆插座上；⑮ 斗内电工使用绝缘操作杆按相位依次将旁路负荷开关电源侧旁路高压引下电缆与带电主导线连接好后返回地面；⑯ 作业人员将移动箱变低压侧电缆按相位连接好；⑰ 作业人员将移动箱变低压输出的 4 条电缆与带电的低压线路主导线进行连接。

b. 倒闸操作人员进行倒闸操作，原柱上变压器负荷由移动箱变带出：① 合上旁路负荷开关，锁死保险环；② 合上移动箱变高压侧开关；③ 在移动箱变低压开关两侧核对相序，确保相序正确。

c. 停电作业班组更换变压器：① 低压负荷导出后，带电工作负责人通知工作协调人，工作协调人通知停电工作负责人可以开始工作；② 停电工作负责人按照配电第一种工作票内容与值班调控人员联系，确认可以开工；③ 地面电工拉开低压隔离开关，再拉开熔断器；④ 倒闸操作人员合上移动箱变低压侧开关，检查确认低压负荷带出正常；⑤ 杆上电工用 10kV 验电器对变压器高压母线进行验电，验明无电后挂第一组接地线；⑥ 杆上电工带电逐相断开低压隔离开关至低压主线路的二次上引线，并对低压主线路连接点进行绝缘遮蔽；⑦ 杆上电工在低压隔离开关外侧挂好第二组接地线；⑧ 更换柱上变压器；⑨ 更换柱上变压器工作完成后，拆除两组接地线，倒闸操作人员合上熔断器；⑩ 杆上电工用电压表测量低压出口电压，确认电压正常；⑪ 杆上电工按照原拆原搭的原则，恢复低压隔离开关至低压主线路的二次上引线，返回地面；⑫ 杆上电工在变压器低压隔离开关处核对相序，确保相序正确。

d. 倒闸操作，恢复原运行方式：① 倒闸操作人员拉开移动箱变低压输出总开关；② 倒闸人员拉开移动箱变电源侧高压开关；③ 地面电工合上柱上变压器低压隔离开关，确认带出低压负荷正常；④ 杆上电工拆除移动箱变低压输出的 4 条电缆与低压主导线的连接；⑤ 作业人员拆除移动箱变低压输出的 4 条电缆终端。

e. 带电人员拆除旁路设备：① 停电工作负责人通知工作协调人工作完毕，工作协调人通知带电工作负责人拆除旁路设备；② 斗内电工拉开旁路负荷开关；③ 带电工作负责人确认旁路负荷开关在断开位置，斗内电工使用绝缘操作杆拆除旁路负荷开关电源侧高压引下线与带电主导线连接，恢复导线绝缘及密封，拆除杆上绝缘遮蔽用具；④ 斗内电工合上旁路负荷开关，对旁路电缆可靠接地充分放电后，再拉开旁路负荷开关；⑤ 作业人员拆除移动箱变车电源侧旁路电缆终端；⑥ 斗内电工依次拆除旁路电缆、旁路负荷开关及余缆工具返回地面；⑦ 回收旁路设备和低压电缆。

（4）工作终结。

1）工作负责人组织工作人员清点工器具，并清理施工现场。

2）工作负责人对完成的工作进行全面检查，符合验收规范要求后，记录在册并召开现场收工会进行工作点评，宣布工作结束。

3）汇报值班调控人员工作已经结束，恢复该线路重合闸，工作班撤离现场。

5. 安全措施及注意事项

（1）气象条件。带电作业应在良好天气下进行，风力大于 5 级，或湿度大于 80%时，不宜带电作业。若遇雷电、雪、雹、雨、雾等不良天气，禁止带电作业。带电作业过程中若遇天气突然变化，有可能危及人身及设备安全时，应立即停止工作，撤离人员，恢复设备正常状况，或采取临时安全措施。

（2）作业环境。

1）在车辆繁忙地段还应与交通管理部门联系以取得配合。

2）安全距离及有效绝缘长度

3）作业用绝缘工具都应经过绝缘检测，绝缘操作工具有效绝缘长度不得小于 0.7m。

4）带电作业时，应保持足够的安全距离；如不能确保该安全距离时，应采用绝缘遮蔽措施。

（3）遮蔽措施。遮蔽用具之间的重叠部分不得小于 150mm。作业线路下层有低压线路同杆时，如妨碍作业，应对作业范围内的相关低压线路设置绝缘遮蔽措施。

（4）重合闸。本项目需停用线路重合闸。

（5）关键点。

1）作业人员在安装或拆除工作接地时应戴绝缘手套。

2）作业人员在接触带电导线和进行换相作业转移前，应得到监护人的许可。

3）绝缘斗臂车在作业时，发动机不能熄火（电能驱动型除外），以保证液压系统处于工作状态；绝缘斗臂车、发电车、移动箱变车应接地，接地电阻符合要求。

4）带电、停电配合作业的项目，当带电、停电作业工序转换时，应指定现场协调人统一协调带电、停电作业，确认无误后，方可开始工作。

5）负荷导出和恢复原运行方式前应在低压开关处核对相序。

（6）其他安全注意事项。

1）作业前应进行现场勘察。

2）在作业时，吊车操作人员在起吊变压器时应听从指挥。

3）上下传递工具、材料均应使用绝缘绳传递，严禁抛掷。

4）新变压器安装完毕投入运行前，应由施工方出具竣工报告并试验合格，履行相关手续。

5）涉及带电与停电作业相配合时，应设立工作协调人，用以保证两个班组之间正确安全的工作。

（三）带电接空载电缆线路与架空线路连接引线

1. 人员组合

本项目需要 4 人，具体分工见表 4－13。

表4-13　　人员分工（带电接空载电缆线路与架空线路连接引线）

人员分工	人数
工作负责人（兼工作监护人）	1人
斗内电工	2人
地面电工	1人

2. 作业方法

绝缘手套作业法、绝缘杆作业法（以高空作业车为移动平台）。

3. 主要工器具配备一览表

主要工器具配备一览表见表4-14。

表4-14　　　　　　　主要工器具配备一览表
（带电接空载电缆线路与架空线路连接引线）

序号	名称		规格、型号	数量	备注
1	特种车辆	绝缘斗臂车	10kV	1辆	
2	绝缘防护用具	绝缘手套	10kV	2双	戴防护手套
3		绝缘安全帽	10kV	2顶	
4		绝缘服	10kV	2套	
5		绝缘安全带	10kV	2副	登杆应选用双重保护绝缘安全带
6	绝缘遮蔽用具	导线遮蔽罩	10kV	4根	
7		导线端头遮蔽罩	10kV	3个	
8		绝缘挡板	10kV	1块	
9	绝缘工具	绝缘锁杆	10kV	1副	可同时锁定2根导线
10		绝缘操作杆	10kV	1副	操作消弧开关用
11		绝缘传递绳	12mm	1根	15m
12		消弧开关	—	1套	带绝缘引流线
13		绝缘杆用消弧开关	—	1套	
14		放电杆	—	1根	
15	其他	电流检测仪	高压	1套	
16		绝缘测试仪	2500V及以上	1套	
17		验电器	10kV	1套	
18		护目镜	—	2副	

4. 作业步骤

（1）工具储运和检测。

1）领用绝缘工具、安全用具及辅助器具，应核对工器具的使用电压等级和试验周期，并检查外观完好无损。

2）在运输过程中，各种工器具应存放在专用工具、工具箱或工具车内，以防受潮和损伤。

（2）现场操作前的准备。

1）工作负责人核对线路名称、杆号。

2）工作负责人应与运行部门共同确认电缆线路已空载、无接地，出线电缆符合送电要求，检查作业装置和现场环境符合带电作业条件。

3）工作负责人按配电带电作业工作票内容与值班调控人员联系，申请停用线路重合闸。

4）绝缘斗臂车进入合适位置，并可靠接地；根据道路情况设置安全围栏、警告标志或路障。

5）工作负责人召集工作人员交代工作任务，对工作班成员进行危险点告知，交代安全措施和技术措施，确认每一个工作班成员都已知晓，检查工作班成员精神状态是否良好，人员是否合适。

6）整理材料，对安全用具、绝缘工具进行检查，并使用 2500V 及以上绝缘电阻表或绝缘检测仪进行分段绝缘检测（电极宽 2cm，极间宽 2cm），阻值应不低于 700MΩ。检查绝缘臂、绝缘斗良好，调试斗臂车。

（3）操作步骤

1）绝缘手套作业法。

a. 斗内电工穿戴好绝缘防护用具，进入绝缘斗，挂好安全带保险钩。

b. 斗内电工将绝缘斗调整至线路下方与电缆过渡支架平行处，并与带电线路保持 0.4m 以上安全距离，检查电缆登杆装置应符合验收规范要求。

c. 斗内电工用绝缘电阻检测仪检测电缆对地绝缘，确认无接地情况，检测完成后应充分放电。若发现电缆有电或对地绝缘不良，禁止继续作业。

d. 斗内电工将工作斗调整至带电导线横担下侧适当位置，使用验电器对绝缘子、横担进行验电，确认无漏电现象。

e. 斗内电工调整绝缘斗位置，按照从近到远、从下到上、先带电体后接地体的遮蔽原则对作业范围内的所有带电体和接地体进行绝缘遮蔽。三相的绝缘遮蔽隔离措施可按先两边相、再中间相或由近到远顺序进行设置。

f. 斗内电工用绝缘测量杆测量三相引线长度，然后将地面电工制作的引线安装到过渡支架上。并对三相引线与电缆过渡支架设置绝缘遮蔽措施。

g. 斗内电工确认消弧开关处于断开位置后,将消弧开关挂在中间相导线上,然后用绝缘引流线连接消弧开关下端导电杆和同相电缆终端(过渡支架接线端子处)。

h. 斗内电工用绝缘操作杆合上消弧开关。

i. 斗内电工用锁杆将引线接头临时固定在同相架空导线上,调整工作位置后将电缆引线连接到架空导线。

j. 斗内电工用绝缘操作杆断开消弧开关。

k. 斗内电工依次从电缆过渡支架和消弧开关导线杆处拆除绝缘引流线线夹,然后从架空导线上取下消弧开关。

l. 其余两相引线搭接按相同的方法进行。三相引线搭接,可按先远后近或根据现场情况先中间、后两侧的顺序进行。

m. 工作结束后,按照从远到近、从上到下、先接地体后带电体的原则拆除绝缘遮蔽,绝缘斗退出带电工作区域,斗内电工返回地面。

2)绝缘杆作业法(以高空作业车为移动平台)。

a. 斗内电工穿戴好绝缘防护用具,进入绝缘斗,挂好安全带保险钩。

b. 斗内电工在保证安全距离的基础上,检查电缆登杆装置应符合验收规范要求。

c. 斗内电工用绝缘电阻检测仪检测电缆对地绝缘,确认无接地情况,检测完成后应充分放电。若发现电缆有电或对地绝缘不良,禁止继续作业。

d. 斗内电工将工作斗调整至带电导线横担下侧适当位置,使用验电器对绝缘子、横担进行验电,确认无漏电现象。

e. 斗内电工使用绝缘操作杆按照从近到远、从下到上、先带电体后接地体的遮蔽原则对不能满足安全距离的带电体和接地体进行绝缘遮蔽。

f. 斗内电工用绝缘测量杆测量三相引线长度,然后将地面电工制作的引线安装到过渡支架上。

g. 斗内电工在选定的位置,使用绝缘杆式导线剥皮器剥除主导线和电缆连接引线上的绝缘皮;斗内电工确认消弧开关在断开位置,且锁好锁销后,将绝缘杆式消弧开关一端挂接到近边相架空导线上,然后将绝缘杆式消弧开关的另一端连接到同相电缆连接引线上。

h. 斗内电工用绝缘操作杆合上消弧开关,确认分流正常,绝缘引流线每一相分流的负荷电流应不小于原线路负荷电流的1/3。

i. 斗内电工用绝缘锁杆将电缆引线接头临时固定在架空导线后,在架空导线处搭接电缆引线。

j. 搭接完成后，斗内电工用绝缘操作杆断开消弧开关。

k. 斗内电工将绝缘杆式消弧开关一端从电缆连接引线处取下，挂在消弧开关上，将消弧开关从近边相导线上取下。如导线为绝缘线应恢复导线的绝缘及密封，恢复绝缘遮蔽。

l. 其余两相引线连接按相同的方法进行。

m. 按照从远到近、从上到下、先接地体后带电体的原则拆除绝缘遮蔽。工作斗退出有电工作区域，作业人员返回地面。

（4）工作终结。

1）工作负责人组织工作人员清点工器具，并清理施工现场。

2）工作负责人对完成的工作进行全面检查，符合验收规范要求后，记录在册并召开现场收工会进行工作点评，宣布工作结束。

3）汇报值班调控人员工作已经结束，恢复线路重合闸，工作班撤离现场。

5. 安全措施及注意事项

（1）气象条件。带电作业应在良好天气下进行，风力大于 5 级，或湿度大于 80%时，不宜带电作业。若遇雷电、雪、雹、雨、雾等不良天气，禁止带电作业。带电作业过程中若遇天气突然变化，有可能危及人身及设备安全时，应立即停止工作，撤离人员，恢复设备正常状况，或采取临时安全措施。

（2）作业环境。在车辆繁忙地段应与交通管理部门联系以取得配合。

（3）安全距离及有效绝缘长度。

1）作业中，绝缘斗臂车绝缘臂的有效绝缘长度应不小于 1.0m，绝缘杆的有效绝缘长度应不小于 0.7m。

2）作业中，人体应保持对地不小于 0.4m、对邻相导线不小于 0.6m 的安全距离，如不能确保该安全距离时，应采用绝缘遮蔽措施，遮蔽用具之间的重叠部分不得小于 150mm。

（4）重合闸。本项目需停用架空线路重合闸。

（5）关键点。

1）工作前，应与运行部门共同确认电缆负荷侧开关（断路器或隔离开关等）处于断开位置。空载电缆长度应不大于 3km。

2）斗内电工对电缆引线验电后，应使用绝缘电阻检测仪检查电缆是否空载且无接地。

3）斗内电工在接触带电导线、进行换相工作转移前应得到监护人的许可。

4）使用消弧开关前应确认消弧开关在断开位置并闭锁，防止其突然合闸。

5）合消弧开关前应再次确认接线正确无误，防止相位错误引发短路。

6）消弧开关的状态，应通过其操作机构位置（或灭弧室动静触头相对位置）以及用电流检测仪测量电流的方式综合判断。

7）拆除消弧开关和电缆终端间绝缘引流线，应先拆有电端、再拆无电端。

8）作业时，严禁人体同时接触两个不同的电位体；绝缘斗内双人工作时禁止两人接触不同的电位体。

9）未接通相的电缆引线应视为带电。

（6）其他安全注意事项。

1）作业前应进行现场勘察。

2）当斗臂车绝缘斗在有电区域转移时，应缓慢移动，动作要平稳，严禁使用快速挡；绝缘斗臂车在作业时，发动机不能熄火（电能驱动型除外），以保证液压系统处于工作状态。

3）作业线路下层有低压线路同杆并架时，如妨碍作业，应对作业范围内的相关低压线路采取绝缘遮蔽措施。

4）在同杆架设线路上工作，与上层线路小于安全距离规定且无法采取安全措施时，不得进行该项工作。

5）上下传递工具、材料均应使用绝缘传递绳绑扎，严禁抛掷。

6）作业过程中禁止摘下绝缘防护用具。

四、第四类综合不停电作业项目

（一）带负荷直线杆改耐张杆并加装柱上开关或隔离开关

1. 人员组合

本项目需 7 人，具体分工见表 4 – 15。

表 4 – 15　人员分工（带负荷直线杆改耐张杆并加装柱上开关或隔离开关）

人员分工	人数
工作负责人（兼工作监护人）	1 人
斗内电工（1、2、3、4 号电工）	4 人
杆上电工	1 人
地面电工	1 人

2. 作业方法

绝缘手套作业法。

3. 主要工器具配备一览表

主要工器具配备一览表见表 4-16。

表 4-16 主要工器具配备一览表
（带负荷直线杆改耐张杆并加装柱上开关或隔离开关）

序号	名称		规格、型号	数量	备注
1	特种车辆	绝缘斗臂车	10kV	2 辆	
2	绝缘防护用具	绝缘手套	10kV	5 双	戴防护手套
3		绝缘安全帽	10kV	5 顶	
4		绝缘服	10kV	4 套	
5		绝缘安全带	10kV	5 副	登杆应选用双重保护绝缘安全带
6	绝缘遮蔽用具	导线遮蔽罩	10kV	6 根	
7		绝缘毯	10kV	若干	
8		耐张横担遮蔽罩	10kV	2 个	
9		绝缘子遮蔽罩	10kV	3 个	
10	绝缘工具	绝缘绳索	12mm	4 根	15m
11		绝缘绳套	16mm	3 根	1.0m
12		绝缘引流线	3m 以上	3 根	满足现场导线电流配置
13		绝缘横担	10kV	1 套	
14		绝缘引流线支架	10kV	1 套	
15	其他	绝缘测试仪	2500V 及以上	1 套	
16		绝缘紧线器	—	2 套	
17		卡线器	—	2 个	
18		电流检测仪	—	1 套	
19		验电器	10kV	1 套	
20		耐张线夹	—	6 个	

4. 作业步骤

（1）工具储运和检测。

1）领用绝缘工器具、安全用具及辅助器具，应核对工器具的使用电压等级和试验周期，并检查外观完好无损。

2）在运输过程中，工器具应装在专用工具袋、工具箱或专用工具车内，以防受潮和损伤。

（2）现场操作前的准备。

1）工作负责人核对线路名称、杆号。

2）工作负责人检查作业点及两侧的电杆根部、基础是否牢固，导线绑扎是否牢固；检查作业装置和现场环境符合带电作业条件。

3）工作负责人按配电带电作业工作票内容与值班调控人员联系，申请停用线路重合闸。

4）绝缘斗臂车进入工作现场，定位于最佳工作位置并装好接地线。在作业现场设置安全围栏和警示标志。

5）工作负责人召集工作人员交代工作任务，对工作班成员进行危险点告知，交代安全措施和技术措施，确认每一个工作班成员都已知晓，检查工作班成员精神状态是否良好，人员是否合适。

6）整理材料，对安全用具、绝缘工具进行检查，并使用 2500V 及以上绝缘电阻表或绝缘检测仪进行分段绝缘检测（电极宽 2cm，极间宽 2cm），阻值应不低于 700MΩ。查看绝缘臂、绝缘斗良好，调试斗臂车。

7）检查调试柱上开关，闭锁开关的跳闸回路。

（3）操作步骤。

1）车用绝缘横担法。

a. 斗内电工分别穿戴好绝缘防护用具，各自进入绝缘斗，挂好安全带保险钩。

b. 3 斗内电工将工作斗调整至带电导线横担下侧适当位置，使用验电器对绝缘子、横担进行验电，确认无漏电现象。

c. 1 号电工按照从近到远、从下到上、先带电体后接地体的遮蔽原则对作业范围内的所有带电体和接地体进行绝缘遮蔽。

d. 1 号电工与地面电工配合在绝缘斗臂车上安装绝缘横担后，返回到线下方准备提升导线。

e. 1 号电工将绝缘斗移至被提升导线的下方，将两边相导线分别置于绝缘横担固定器内，由 2 号电工拆除两边相绝缘子绑扎线。

f. 1 号电工将绝缘横担继续缓慢抬高，提升两边相导线，将中相导线置于绝缘横担固定器内，由 2 号电工拆除中相绝缘子绑扎线。

g. 1 号电工将绝缘横担缓慢抬高，提升三相导线，提升高度不小于 0.4m，1 号电工、2 号电工相互配合拆除绝缘子和横担，安装耐张横担，并装好耐张绝缘子和耐张线夹。

h. 1 号电工、2 号电工配合在耐张横担上装好耐张横担遮蔽罩，并对耐张绝缘子和耐张线夹设置绝缘遮蔽。

i. 由 1 号电工在 2 号电工配合下将导线缓缓下降，逐一放置耐张横担遮蔽罩上，并固定。

j. 斗内电工配合操作小吊使用绝缘吊绳将柱上负荷开关提升至横担处，进行柱上负荷开关与横担的连接组装，确认开关在"分"的位置，并将机构闭锁。安装完成后进行绝缘遮蔽。使用斗臂车起吊柱上负荷开关要注意吊臂角度，防止超载倾翻。

k. 1 号电工、2 号电工配合分别在柱上负荷开关两侧进行开关引流线与导线的接续。接续完毕后，迅速恢复绝缘遮蔽。

l. 合上柱上负荷开关，确认在"合"的位置，并将操作机构闭锁。使用电流检测仪检测开关引流线电流，确认通流正常。

m. 1 号电工、2 号电工配合开始进行近边相导线的开断工作：① 斗内电工分别拆除近边相导线遮蔽罩；② 斗内电工分别在两侧的近边相导线安装好绝缘紧线器及后备保护绳，将导线收紧，同时收紧后备保护绳；③ 1 号电工、2 号电工使用电流检测仪检测电流，确认通流正常，开关引流线每一相分流的负荷电流应不小于原线路负荷电流的 1/3；④ 1 号电工、2 号电工配合，剪断近边相导线，分别将近边相两侧导线固定在耐张线夹内；⑤ 1 号电工、2 号电工分别拆除绝缘紧线器及后备保护绳；⑥ 1 号电工、2 号电工分别对两侧近边相导线及绝缘子做好绝缘遮蔽措施。

n. 1 号电工、2 号电工配合，按同样的方法开断远边相和中间相导线。

2）杆顶绝缘横担法。

a. 斗内电工分别穿戴好绝缘防护用具，各自进入绝缘斗内，挂好安全带保险钩。

b. 斗内电工将工作斗调整至带电导线横担下侧适当位置，使用验电器对绝缘子、横担进行验电，确认无漏电现象。

c. 斗内电工按照从近到远、从下到上、先带电体后接地体的遮蔽原则对作业范围内的所有带电体和接地体进行绝缘遮蔽。

d. 斗内电工使用绝缘小吊吊住中相导线，1 号电工解开中相导线绑扎线，遮蔽罩对接并将开口向上。2 号电工起升小吊将导线缓慢提升至距中间相绝缘子 0.4m 以外。

e. 1 号电工拆除中间相绝缘子及立铁，安装杆顶绝缘横担。

f. 2 号电工缓慢下降小吊将导线放至绝缘横担中间相卡槽内，扣好保险环，解开小吊绳。两边相按相同方法进行。拆除直线横担。

g. 1 号电工与杆上电工配合将组装好的柱上负荷开关安装到电杆上，并对新装耐张横担、耐张绝缘子串、耐张线夹、柱上负荷开关和电杆设置绝缘遮蔽隔离措施。

h. 斗内电工调整绝缘斗位置，分别将绝缘紧线器、卡线器固定于近边相和远边相导线上，进行紧线工作。安装好后备保护绳。

i. 1 号电工、2 号电工配合开始进行近边相导线的开断工作：① 斗内电工将近边相柱上负荷开关引流线与主导线进行连接，1 号电工合上柱上负荷开关，使用电流检测仪检测电流，确认通流正常，柱上负荷开关引流线每一相分流的负荷电流应不小于原线路负荷电流的 1/3，恢复绝缘遮蔽，若为绝缘线应进行绝缘恢复及密封处理；② 斗内电工剪断近边相导线，分别将近边相两侧导线固定在耐张线夹内；③ 1 号电工、2 号电工分别拆除绝缘紧线器及后备保护绳；④ 1 号电工、2 号电工分别对两侧近边相导线及绝缘子做好绝缘遮蔽措施。

j. 斗内电工配合，按同样的方法开断远边相导线。

k. 2 号电工使用绝缘小吊提升中相导线，1 号电工拆除杆顶绝缘横担，按照同样方法开断中间相导线，并恢复绝缘遮蔽。

3）安装柱上隔离开关可先安装耐张横担，分别安装三相隔离开关，连接两侧引线后，再行开断导线。

4）工作完成后，斗内电工按照从远到近、从上到下、先接地体后带电体拆除遮蔽的原则拆除绝缘遮蔽隔离措施。绝缘斗退出带电工作区域，作业人员返回地面。

（4）工作终结。

1）工作负责人组织工作人员清点工器具，并清理施工现场。

2）工作负责人对完成的工作进行全面检查，符合验收规范要求后，记录在册并召开现场收工会进行工作点评，宣布工作结束。

3）汇报值班调控人员工作已经结束，恢复该线路重合闸，工作班撤离现场。

5. 安全措施及注意事项

（1）气象条件。带电作业应在良好天气下进行，风力大于 5 级，或湿度大于 80% 时，不宜带电作业。若遇雷电、雪、雹、雨、雾等不良天气，禁止带电作业。带电作业过程中若遇天气突然变化，有可能危及人身及设备安全时，应立即停止工作，撤离人员，恢复设备正常状况，或采取临时安全措施。

（2）作业环境。

1）在车辆繁忙地段还应与交通管理部门联系以取得配合。

2）本规范适用于导线三角形排列方式的单回路线路。

（3）安全距离及有效绝缘长度。

1）作业中，绝缘斗臂车的有效绝缘长度不得小于 1.0m，绝缘承力工具有效绝缘长度不得小于 0.4m。

2）作业中，人体应保持对地不小于 0.4m、对邻相导线不小于 0.6m 的安全距离，如不能确保该安全距离时，应采用绝缘遮蔽措施，遮蔽用具之间的重叠部分不得小于 150mm。

（4）遮蔽措施。作业线路下层有低压线路同杆架设时，如妨碍作业，应对相关低压线路设置绝缘遮蔽措施。

（5）重合闸。本项目需停用线路重合闸。

（6）关键点。

1）新装柱上负荷开关带有取能用电压互感器时，电源侧应串接带有明显断开点的设备，防止带负荷接引，并应闭锁其自动跳闸的回路，开关操作后应闭锁其操作机构，防止误操作。

2）使用斗臂车起吊开关要注意吊臂角度，防止超载倾翻。

3）作业人员在接触带电导线和进行换相作业转移前，应得到监护人的许可。

4）作业人员在绝缘斗内传递工具时应确认两人同时脱离带电设备，绝缘斗内双人工作时禁止两人同时接触不同电位体。作业时严禁人体同时接触两个不同的电位。

5）断、接引流线时，要保持带电体与人体、相间及对地的安全距离。应注意相位，搭连接点应接触可靠。

6）组装、拆除绝缘引流线，以及紧线、开断导线应同相同步进行。

7）在开断导线前，应有防导线脱落的后备保护措施。

8）如使用吊车起吊耐张横担、柱上负荷开关工作，应在吊索起吊范围内对带电体进行双重绝缘遮蔽，吊车车体应良好接地。

（7）其他安全注意事项。

1）作业前应进行现场勘察。

2）当斗臂车绝缘斗在有电区域内转移时，应缓慢移动，动作要平稳，严禁使用快速挡；绝缘斗臂车在作业时，发动机不能熄火（电能驱动型除外），以保证液压系统处于工作状态。

3）作业线路下层有低压线路同杆并架时，如妨碍作业，应对作业范围内的相关低压线路采取绝缘遮蔽措施。

4）上下传递工具、材料均应使用绝缘绳传递，严禁抛、扔掷。

5）作业过程中禁止摘下绝缘防护用具。

（二）从环网箱（架空线路）等设备临时取电给环网箱、移动箱变供电

1. 人员组合

本项目需 24 人，具体分工见表 4-17。

表 4-17　　　　　人员分工（从环网箱等设备临时取电供电）

人员分工	人数
带电工作负责人（兼工作监护人）	1 人
斗内电工	2 人
地面电工	1 人
电缆工作负责人（兼工作监护人）	1 人
倒闸操作人员	2 人
施工人员	17 人

2. 作业方法

综合不停电作业法。

3. 主要工器具配备一览表

主要工器具配备一览表见表 4-18。

表 4-18　　主要工器具配备一览表（从环网箱等设备临时取电供电）

序号	名称		规格、型号	数量	备注
1	特种车辆	旁路作业车	—	1 辆	存放、运输、施放旁路柔性电缆用
2		绝缘斗臂车	10kV	1 辆	从架空线路临时取电用
3		移动箱变车	—	1 辆	
4	绝缘防护用具	绝缘手套	10kV	3 双	戴防护手套
5		绝缘安全帽	10kV	2 顶	从架空线路临时取电用
6		绝缘服	10kV	2 套	从架空线路临时取电用
7		绝缘安全带	10kV	2 副	从架空线路临时取电用
8	旁路作业装备	高压旁路柔性电缆	—	若干组	具体数量可根据旁路电缆施放长度确定
9		旁路负荷开关	—	1 台	

续表

序号	名称		规格、型号	数量	备注
10	旁路作业装备	余缆工具	—	2个	
11		中间连接器	—	若干组	带接头保护盒
12		柔性电缆护线管（盒）	—	若干	根据现场实际需要
13		电缆对接头保护箱	—	若干	
14		电缆分接头保护箱	—	若干	
15		电缆进出线保护箱	—	2个	
16		电缆架空跨越支架	—	2副	用于旁路柔性电缆跨越道路，高度不小于 5m
17	绝缘工具	绝缘操作杆	10kV	1根	连接架空旁路高压引下电缆用
18	其他	电流检测仪	高压	1套	
19		绝缘测试仪	2500V 及以上	1套	
20		验电器	10kV	1套	
21		放电棒	—	1套	
22		对讲机	—	2套	

4. 作业步骤

（1）工器具储运和检测。

1）领用绝缘工具、安全用具及辅助器具，应核对工器具的使用电压等级和试验周期，并检查外观完好无损。

2）在运输过程中，工器具应存放在工具袋或工具箱内，以防受潮和损伤。

（2）现场操作前的准备。

1）工作负责人应核对设备名称及编号。

2）工作负责人检查现场设备、环境的实际状态，并确认临时供电设备所带负荷电流小于 200A。

3）工作负责人按照工作票内容联系值班调控人员。从架空线路临时取电需停用架空线路重合闸装置。

4）工作负责人召集工作人员交代工作任务，对工作班成员进行危险点告知、交代安全措施和技术措施，确认每一个工作班成员都已知晓，检查工作班成员精神状态是否良好，人员是否合适。

5）工作人员进入作业现场，施工车进入现场，停在合适位置，做好各项准备工作。根据道路情况设置安全围栏、警告标志或路障。

6）对安全用具、绝缘工具进行检查，并使用 2500V 及以上绝缘电阻表或绝缘检测仪进行分段绝缘检测（电极宽 2cm，极间宽 2cm），阻值应不低于 700MΩ。

（3）操作步骤。

1）由架空线路临时取电给环网箱供电。

a. 斗内电工穿戴好绝缘防护用具，进入绝缘斗，挂好安全带保险钩。斗内电工在杆上电工配合下安装旁路负荷开关及余缆工具，旁路负荷开关外壳应良好接地。

b. 布置旁路柔性电缆及设备的地面防护装置。

c. 敷设、组装旁路柔性电缆及旁路设备。旁路电缆地面敷设中如需跨越道路时，应使用电力架空跨越支架将旁路电缆架空敷设并可靠固定。组装电缆与旁路设备时，应注意相别的正确性。组装完毕应盖好旁路设备地面防护装置保护盖，并保证中间接头盒和旁路负荷开关的外壳接地良好。

d. 斗内电工、杆上电工相互配合将与架空线连接的旁路高压引下电缆一端与旁路负荷开关电源侧按相位色连接好，将剩余电缆可靠固定在余缆工具上。

e. 斗内电工合上旁路负荷开关，使用绝缘测试仪对组装好的高压旁路设备进行绝缘性能检测，设备整体的绝缘电阻应不小于 500MΩ。

f. 斗内电工使用放电棒对旁路作业装备进行充分的放电后，用操作杆拉开旁路负荷开关，并锁死保险环。

g. 电缆班组工作负责人，确认待取电的环网箱备用间隔开关在断开位置，将旁路高压转接电缆终端按照核准的相位安装到环网箱备用间隔开关对应的电缆插座上。

h. 斗内电工将绝缘斗调整至带电导线下侧适当位置，使用验电器对绝缘子、横担进行验电，确认无漏电现象。

i. 斗内电工经工作负责人许可，使用绝缘操作杆按相位依次将旁路负荷开关电源侧旁路高压引下电缆与带电主导线连接好返回地面。

j. 倒闸操作，环网箱由进线电缆供电改临时取电回路供电：① 将环网箱备用间隔开关由检修改热备用；② 合上旁路负荷开关，并锁死保险环；③ 依次将环网箱的两路进线间隔开关由运行改热备用（进线电缆对侧有电，不能直接改检修状态，以防发生三相接地短路）；④ 将环网箱备用间隔开关由热备用改运行；⑤ 如相位不正确，应先依次拉开环网箱间隔开关、旁路负荷开关，并对旁路柔性电缆充分放电后调整旁路高压引下电缆接头。

k. 检查临时取电回路负荷情况。

l. 临时取电工作结束，倒闸操作，环网箱由临时取电回路恢复至由进线电缆供电：① 将环网箱备用间隔开关由运行改热备用；② 依次将环网箱的两路进线间隔开关由热备用改运行；③ 拉开旁路负荷开关。

m. 斗内电工拆除旁路高压引下电缆，并恢复主导线绝缘及密封。

n. 工作结束后，斗内电工将绝缘斗退出有电工作区域。

o. 倒闸操作，合上旁路负荷开关，将环网箱备用间隔开关由热备用改检修（可同时起到临时取电回路放电的作用）。斗内电工拆除旁路开关、余缆工具，作业人员返回地面。

p. 从环网箱备用间隔开关出线端拆除高压柔性电缆终端，恢复设备状态。

2）由环网箱临时取电给环网箱供电。

a. 布置旁路柔性电缆及的地面设备防护装置。

b. 敷设、组装旁路柔性电缆及旁路设备。

c. 在旁路电缆地面敷设中，如需跨越道路时，应使用电力架空跨越支架将旁路电缆架空敷设并可靠固定。组装电缆与旁路设备时，应注意相别的正确性。组装完毕应盖好旁路设备地面防护装置保护盖，并保证中间接头盒外壳接地良好。

d. 将已安装的旁路电缆首、末终端接头分别置于悬空位置，对组装好的临时取电回路进行绝缘性能摇测，设备整体的绝缘电阻应不小于500MΩ。绝缘性能摇测完毕，使用绝缘放电杆对临时取电回路充分放电。

e. 工作负责人确认电源侧环网箱备用间隔和待取电环网箱备用间隔处于断开位置。

f. 作业人员将高压转接电缆终端按照核准的相位安装到待取电环网箱备用间隔对应电缆插座上。

g. 作业人员将高压转接电缆终端按照核准的相位安装到电源侧环网箱备用间隔对应电缆插座上。

h. 倒闸操作，环网箱由进线电缆供电改临时取电回路供电：① 将待取电环网箱备用间隔开关由检修改热备用；② 将电源侧环网箱备用间隔开关由检修改运行；③ 依次将环网箱的两路进线间隔开关由运行改热备用（进线电缆对侧有电，不能直接改检修状态，以防发生三相接地短路）；④ 将待取电环网箱的备用间隔开关由热备用改运行。⑤ 如相位不正确，应将电源侧、待取电侧环网箱间隔开关改检修状态后调整相别。

i. 检查临时取电回路负荷情况。

j. 临时取电工作结束，倒闸操作，环网箱由临时取电回路恢复至由进线电缆供电：① 将待取电环网箱的备用间隔开关由运行改热备用；② 依次将待取电环网箱的两路进线间隔开关由热备用改运行；③ 将电源侧环网箱备用间隔开关由运行改检修；④ 将待取电环网箱的备用间隔开关由热备用改检修（可同时起到临时取电回路放电的作用）。

k. 倒闸操作，合上旁路负荷开关，将环网箱备用间隔开关由热备用改检修。

l. 从电源侧、待取电侧环网箱备用间隔开关出线端拆除高压柔性电缆终端，恢复设备状态。收回旁路作业装备。

3）由环网箱临时取电给移动箱变。

a. 工作人员进入作业现场，施工车进入现场，停在合适位置，做好包括移动箱变低压侧中性点工作接地等各项准备工作。

b. 布置旁路柔性电缆及设备的地面防护装置。

c. 敷设、组装旁路柔性电缆及旁路设备。在旁路电缆地面敷设中，如需跨越道路时，应使用电力架空跨越支架将旁路电缆架空敷设并可靠固定。组装电缆与旁路设备时，应注意相别的正确性。组装完毕应盖好旁路设备地面防护装置保护盖，并保证中间接头盒外壳接地良好。

d. 作业人员使用绝缘测试仪检测高压旁路柔性电缆、连接器等设备整体的绝缘电阻应不小于 500MΩ。用 500V 绝缘测试仪检测低压电缆、连接器等设备，整体的绝缘电阻应合格。

e. 检测后使用绝缘放电棒对旁路作业装备进行充分的放电。

f. 将临时取电回路高压柔性电缆终端分别接入环网箱备用间隔开关的出线端和移动箱变车高压开关柜进线端。

g. 将低压电缆分别连接到移动箱变低压空气开关进线端和低压架空线路（已停电）。

h. 检查确认低压架空线路无接地现象。

i. 倒闸操作：① 将移动箱变高压负荷开关由检修改热备用（部分移动箱变无检修位置可忽略）；② 将环网箱备用间隔开关由检修改运行；③ 将移动箱变高压负荷开关由热备用改运行。④ 如相位不正确，应依次拉开环网箱备用间隔开关和移动箱变高压开关，并对旁路柔性电缆充分放电后调整相别。

j. 合上移动箱变低压空气开关。

k. 检查移动箱变负荷情况。

l. 临时取电工作结束，倒闸操作，移动箱变退出运行：① 拉开移动箱变低压侧空气开关；② 将移动箱变高压侧负荷开关由运行改热备用；③ 将环网箱备用间隔开关由运行改检修（可同时起到对高压旁路柔性电缆的放电作业）；④ 合上移动箱变接地刀闸（部分移动箱变无检修位置可忽略）。

m. 从环网箱备用间隔开关出线端、低压架空线路拆除高、低压柔性电缆终端，恢复设备状态。

4）由架空线路临时取电给移动箱变。

a. 工作人员、施工车辆进入作业现场，停在合适位置，做好包括移动箱变低压侧中性点工作接地、绝缘斗臂车接地等各项准备工作。斗内电工穿戴好绝缘防护用具，进入绝缘斗，挂好安全带保险钩。

b. 斗内电工在杆上电工配合下安装旁路开关及余缆工具，旁路开关外壳应良好接地。

c. 敷设、组装旁路柔性电缆及旁路设备。在旁路电缆地面敷设中，如需跨越道路时，应使用电力架空跨越支架将旁路电缆架空敷设并可靠固定。组装电缆与旁路设备时，应注意相别的正确性。组装完毕应盖好旁路设备地面防护装置保护盖，并保证中间接头盒和旁路负荷开关的外壳接地良好。

d. 斗内电工、杆上电工相互配合将与架空线连接的旁路高压引下电缆一端与旁路负荷开关电源侧按相位色连接好，将剩余电缆可靠固定在余缆工具上。

e. 斗内电工合上旁路开关，使用绝缘测试仪对组装好的高压旁路设备进行绝缘性能检测，整体绝缘电阻应不小于 $500M\Omega$。

f. 绝缘性能摇测完毕，用放电棒对旁路柔性电缆等旁路设备充分放电后，拉开旁路开关，并锁死保险环。

g. 将旁路高压转接电缆终端按照核准的相位安装到移动箱变高压开关柜进线端。

h. 斗内电工将绝缘斗调整至带电导线下侧适当位置，使用验电器对绝缘子、横担进行验电，确认无漏电现象。

i. 斗内电工使用绝缘操作杆按相位色依次将旁路负荷开关电源侧旁路高压引下电缆与带电主导线连接好后返回地面。

j. 倒闸操作：① 将移动箱变高压负荷开关由检修改热备用（部分移动箱变无检修位置可忽略）；② 合上旁路负荷开关，并锁死保险环；③ 将移动箱变高压负荷开关由热备用改运行，完成取电工作；④ 如相位不正确，应依次拉开旁路负荷开关和移动箱变高压开关，并对高压旁路设备进行充分放电后调整相别。

k. 合上移动箱变低压空气开关。

l. 检查移动箱变负荷情况。

m. 临时取电工作结束，倒闸操作，移动箱变退出运行：① 拉开移动箱变低压侧空气开关；② 将移动箱变高压侧负荷开关由运行改热备用；③ 拉开旁路负荷开关；④ 合上移动箱变接地刀闸（部分移动箱变无检修位置可忽略）。

n. 斗内电工拆除旁路负荷开关电源侧高压引下线与带电主导线连接，恢复主导线绝缘及密封。合上旁路负荷开关对旁路系统充分放电后，返回地面。

o. 收回移动箱变及旁路作业相关装备。

（4）工作终结。

1）工作负责人组织工作人员清点工器具，并清理施工现场。

2）工作负责人对完成的工作进行全面检查，符合验收规范要求后，记录在册并召开现场收工会进行工作点评，宣布工作结束。

3）汇报值班调控人员工作已经结束，恢复架空线路重合闸，工作班撤离现场。

5. 安全措施及注意事项

（1）气象条件。

1）不停电作业应在良好天气下进行。风力大于 5 级，或湿度大于 80% 时，不宜进行作业。如遇雷电、雪、雹、雨、雾等不良天气，禁止进行不停电作业。作业过程中若遇天气突然变化。有可能危及人身及设备安全时，应立即停止工作，撤离人员，恢复设备正常状况或采取临时安全措施。

2）组装完毕并投入运行的旁路作业装备可以在雨、雪天气运行，但应做好防护。禁止在雨、雪天气进行旁路作业装备敷设、组装、回收等工作。

（2）作业环境。

1）在车辆繁忙地段还应与交通管理部门取得联系，以取得配合。

2）夜间作业应有足够的照明。

（3）安全距离及有效绝缘长度。

1）验电器、绝缘放电杆的绝缘有效长度应不小于 0.7m。

2）架空线路带电挂接、拆除旁路高压引下电缆引流线夹时，对地距离应不小于 0.4m，对邻相导线应不小于 0.6m；如不能确保该安全距离时，应采取绝缘遮蔽措施，遮蔽用具之间的重叠部分不得小于 150mm。

（4）重合闸。本项目采用架空取电时应停用架空线路重合闸。

（5）关键点。

1）组建旁路回路应按要求连接旁路柔性电缆与连接器，快速插拔接口、接头的绝缘部分应进行清洁和涂抹绝缘硅脂。

2）旁路电缆地面敷设跨越道路时，应采用架空敷设的方式。

3）本项目一般情况下为无电状态下投入临时供电回路，负荷设备短时停电。如为保证负荷设备不停电，需先临时供电，再切除原供电电源，则临时取电回路投入运行操作时应进行核相。

4）确认旁路负荷开关处于分闸位置后，在架空线路上带电挂接高压柔性电缆引流线夹。挂接引流线夹前应对不能满足安全距离的带电体和接地体进行绝缘遮蔽措施。挂接时宜按先中间相、再两边相的顺序进行。

（6）其他安全注意事项。

1）上下传递工具、材料均应使用绝缘绳传递，严禁抛掷。

2）当斗臂车绝缘斗距带电线路 1～2m 或工作转移时，应缓慢移动，动作要平稳，严禁使用快速挡；绝缘斗臂车在作业时，发动机不能熄火（电能驱动型除外），以保证液压系统处于工作状态。

3）敷设旁路电缆时，须由多名作业人员配合使旁路电缆离开地面整体敷设，防止旁路电缆与地面摩擦，且不得受力。

4）打开环网箱柜门前应检查环网箱箱体接地装置的完整性，在接入旁路柔性电缆终端前，应对环网箱开关间隔出线侧进行验电。

5）绝缘电阻检测完毕、拆除旁路设备前、拆除电缆终端后，均应进行充分放电，用绝缘放电杆放电时，绝缘放电杆的接地应良好。

6）从架空线路临时取电，取电回路应串接旁路负荷开关以防止接、断高压引下电缆时空载电流的安全影响（或使用带电作业用消弧开关，作业步骤将有所不同）。根据旁路高压引下电缆接线端子的不同，亦可采用绝缘手套法带电断、接旁路高压引下电缆引流线夹。

7）连接旁路作业设备前，应对各接口进行清洁和润滑：用不起毛的清洁纸或清洁布、无水酒精或其他电缆清洁剂清洁；确认绝缘表面无污物、灰尘、水份、损伤。在插拔界面均匀涂润滑硅脂。

8）旁路电缆运行期间，应派专人看守、巡视，防止外人碰触。

9）不得强行解锁环网箱五防装置。

10）旁路柔性电缆采用地面敷设时，应对地面的旁路作业设备采取可靠的防护措施后方可投入运行，确保绝缘防护有效。

11）临时供电负荷电流不应超过200A。临时取电回路投入运行后，应每隔半小时检测一次回路的负载电流监视其运行情况。

12）操作环网箱开关、检测旁路回路整体绝缘电阻、放电应戴绝缘手套。

13）倒闸操作应使用操作票。带电作业应使用配电带电作业工作票。

14）作业线路下层有低压线路同杆并架时，如妨碍作业，应对作业范围内的相关低压线路采取绝缘遮蔽措施。

习 题

1. 简答：常用配电网不停电作业项目按照作业难易程度分为哪四类？
2. 简答：请简述配电网不停电作业开展的气象条件。

第二节　0.4kV 作业项目

学习目标

1. 了解常用配电网 0.4kV 不停电作业项目分类及其与 10kV 不停电作业的不同之处
2. 掌握不同作业项目的技术要求及安全注意事项

知识点

一、0.4kV 配电网不停电作业项目分类

结合低压线路设备现场工作需求，根据作业对象设备分类，可将 0.4kV 不停电作业分为架空线路、电缆线路、配电柜（房）和低压用户四类作业。

（1）架空线路作业。架空线路作业是在低压架空线路不停电的情况下进行不停电作业，包括简单消缺、接户线及线路引线断接操作、低压线路设备安装更换等，解决低压架空线路检修造成用户停电问题。

（2）电缆线路作业。电缆线路作业是在低压电缆线路上开展低压电缆线路不停电作业，包括断接空载电缆引线、更换电缆分支箱等，解决低压电缆线路检修造成用户长时间停电问题。

（3）配电柜（房）作业。配电柜（房）作业是针对低压配电房内常见的柜内异物、熔丝烧断、设备损坏等问题，在低压配电房内开展不停电作业，包括配电柜消缺、配电房母排绝缘遮蔽维护、更换设备等，解决低压配电房检修造成用户大面积、长时间停电问题。

（4）低压用户作业。低压用户作业是针对低压用户临时取电和电表更换需求，在低压用户终端开展不停电作业，包括发电车低压侧临时取电、直接式或带互感器电度表更换等，解决用户停电时间长的问题，增加用户保电技术手段。

二、0.4kV 不停电作业与 10kV 不停电作业的异同

1. 装置类型不同

10kV 线路采用 A、B、C 三相三线制供电，0.4kV 以 A、B、C、N 三相四线制供电为主，多了一根零线。在开展 10kV 不停电作业前，需要通过电杆上的标识牌分清 A、B、C 三相；在开展 0.4kV 不停电作业前，需要分清火线、零线，并做好相序的记录和标记，选好工作位置。在地面辨别火线、零线时，一般根据一些标志和排列方向、照明设备接线等进行辨认。初步确定火线、零线后，作业人员在工作前用验电器或低压试电笔进行测试，必要时可用电压表进行测量。

0.4kV 线路布设较 10kV 线路更加紧密，相间距离较 10kV 线路更小，因此作业空间也是需要作业人员注意的问题。不停电作业时，由于空间狭小，带电体之间、带电体与地之间绝缘距离小，或由于作业时的错误动作，均可能引起触电事故。因此，不停电作业时，必须有专人监护；监护人应始终在工作现场，并对作业人员进行认真监护，随时纠正不正确的动作，发现作业人员有可能触及邻相带电体或接地体时，应及时提醒，以防造成触电事故。作业人员在作业时也要格外注意作业位置，减小动作幅度，避免相间或接地事故的发生。

2. 作业环境不同

0.4kV 线路电杆较 10kV 线路电杆低，亦或是与 10kV 线路同杆架设，布设在 10kV 线路下方。在城市电网中，0.4kV 线路经常会受到各类通信线路、路灯、指示牌、树木等影响，作业空间狭小，作业环境相较于 10kV 不停电作业更加复杂。

在 0.4kV 不停电作业中，采用绝缘斗臂车作为工作平台时，要格外注意绝缘斗臂车的停放位置。因为电杆低、作业空间狭小，在停放绝缘斗臂车时，一是要保证工作斗能避开各类障碍物，二是要保证绝缘臂能伸出有效绝缘长度。

在进行不停电作业前，工作票签发人或工作负责人应组织现场勘察并填写现场勘察记录。根据勘察结果判断是否进行作业，并确定作业方法、所需工具

以及应采取的措施。

3. 安全防护不同

不同电压等级对作业人员的危害类型不同：对于 10kV 电压等级，在不停电作业过程中主要防止电流伤害；0.4kV 电压等级较低，在不停电作业过程中主要防止电弧伤害。两者绝缘防护的要求也不同：在 0.4kV 不停电作业中，使用的各类工器具和防护用具应与电压等级相匹配，如绝缘手套可以采用更加轻便的 00 级带电作业用绝缘手套；验电器选用 0.4kV 级。

另外，在 0.4kV 不停电作业中要注意作业顺序。三相四线制线路正常情况下接有动力、家电及照明等各类单、三相负荷。当带电断开低压线时，如先断开了零线，则因各相负荷不平衡使该电源系统中性点会出现较大数值的位移电压，造成零线带电，断开时将会产生电弧，亦相当于带电断负荷的情形。所以应严格执行规程规定，当带电断开线路时，应先断火线后断零线，接通时则应先接零线后接火线。切断火线时，必须戴护目镜，用手柄长的钳子，并有防止弧光线间短路的措施。

三、作业安全事项

1. 0.4kV 配电网带电简单消缺

（1）修剪树枝：应进行必要的绝缘遮蔽；修剪树枝时应严格控制树枝的倒伏方向。

（2）清除异物：应进行必要的绝缘遮蔽；作业人员应处在上风侧。

（3）更换拉线：为防止拉线发生弹跳碰到带电导体，应进行必要的绝缘遮蔽或隔离；收紧拉线时，应做好防滑跑措施；地面作业人员协助杆上人员工作，应站在绝缘垫上。

（4）调整导线沿墙敷设支架：调整支架前，应在导体上设置必要的绝缘遮蔽，使带电导线之间及与沿墙支架等接地体隔离。

2. 0.4kV 带电安装低压接地环

（1）对作业范围内的带电体应进行必要的绝缘遮蔽。

（2）剥除每一相导线的绝缘层，并安装接地环后，应立即对接地环和导线上的金属裸露部位进行绝缘遮蔽。

3. 0.4kV 带电断低压接户线引线

（1）作业前应确认接户线（集束电缆、普通低压电缆、铝塑线）为空载状态。

（2）对作业范围内的带电体应进行必要的绝缘遮蔽。

（3）应严格按照先断相线、后断零线的顺序断开接户线的引线。

4. 0.4kV带电接低压接户线引线

（1）作业前应确认接户线（集束电缆、普通低压电缆、铝塑线）绝缘良好、无接地、无倒送电、无负载设备、线路无人工作。

（2）对作业范围内的带电体应进行必要的绝缘遮蔽。

（3）应严格按照先接零线、后接相线的顺序接续接户线引线。

5. 0.4kV带电断分支线路引线

（1）作业前应确认分支线为空载状态。

（2）对作业范围内的带电体应进行必要的绝缘遮蔽。

（3）应严格按照先断相线、后断零线的顺序断开分支线路引线。

6. 0.4kV带电接分支线路引线

（1）作业前应确认分支线绝缘良好、无接地、无倒送电、无负载设备、线路无人工作。

（2）对作业范围内的带电体应进行必要的绝缘遮蔽。

（3）应严格按照先接零线、后接相线的顺序搭接分支线路引线。

7. 0.4kV带电断耐张引线

（1）作业前应确认耐张引线的负荷侧线路为空载状态。

（2）对作业范围内的带电体应进行必要的绝缘遮蔽。

（3）应严格按照先断相线、后断零线的顺序断开耐张引线。

（4）在高、低压同杆架设的低压带电线路上工作前，应先检查与高压线路的距离，并采取防止误碰高压带电线路的措施。

8. 0.4kV带电接耐张引线

（1）作业前应确认耐张引线负荷侧线路的绝缘良好、无接地、无倒送电、无负载设备、线路无人工作等。

（2）对作业范围内的带电体应进行必要的绝缘遮蔽。

（3）应严格按照先接零线、后接相线的顺序接耐张引线。

（4）在高、低压同杆架设的低压带电线路上工作前，应先检查与高压线路的距离，并采取防止误碰高压带电线路的措施。

9. 0.4kV带负荷处理线夹发热

（1）绝缘引流线使用前应进行外观检查；并确认待检修线路负荷电流小于旁路引线额定电流值。

（2）作业前应确认线夹发热的程度，作业中应有防止线夹脱落引线断开的措施。待线夹的温度降到允许程度时才能接触。

（3）对作业范围内的带电体及接地体应进行必要的绝缘遮蔽。

（4）新线夹引线安装完毕后应检测通流情况正常。

10. 0.4kV 带电更换直线杆绝缘子

（1）对作业范围内的带电导线、绝缘子、横担等应进行必要的绝缘遮蔽。

（2）作业人员在接触接地体前，应进行验电确保无漏电。

（3）导线在升降、移动过程中，应有防止脱落的措施。

（4）拆除和绑扎扎线时，应将扎线卷成圈。

11. 0.4kV 架空线路低压配电柜旁路作业加装智能配变终端

（1）接触配电柜前应验明柜体无电，确认无漏电现象。

（2）应对配电柜上作业点及架空线上可能触及的邻近带电部位和接地体进行必要的绝缘遮蔽。

（3）接引线时，应使用绝缘工具有效控制引线端头。

12. 0.4kV 带电断低压空载电缆引线

（1）接引流线前应查明负荷已切除，相关线路上确无人工作。

（2）对作业范围内的架空线上的带电体应进行必要的绝缘遮蔽。

（3）应严格按照先断相线、后断零线的顺序断电缆引线。

（4）已断开的电缆引线应可靠固定。

13. 0.4kV 带电接低压空载电缆

（1）作业前应确认低压电缆绝缘良好、无接地、无倒送电、无负载设备、线路无人工作。

（2）对作业范围内的架空线上的带电体应进行必要的绝缘遮蔽。

（3）在集束线上搭接低压电缆引线时，线夹之间错开的距离不少于 200mm。

（4）应严格按照先接零线、后接相线的顺序搭接电缆引线。

14. 0.4kV 低压配电柜（房）带电更换低压开关

（1）接触配电柜前应验明柜体无电，确认无漏电现象。

（2）应对作业范围内的带电体和接地体等进行必要的遮蔽，并可靠固定。

（3）应在开关断开状态下更换低压开关，避免负荷电流产生电弧伤人。

15. 0.4kV 低压配电柜（房）带电加装智能配变终端

（1）接触配电柜前应验明柜体无电，确认无漏电现象。

（2）应对作业范围内的带电体和接地体等进行必要的遮蔽，并可靠固定。

（3）作业中邻近不同电位导线或金具时，应采取绝缘隔离措施防止相间短路和单相接地。

（4）电流互感器的二次侧不能开路、电压互感器的二次侧不能短路。

（5）禁止将电流互感器二次侧开路（光电流互感器除外）。短接电流互感器二次绕组，应使用短路片或短路线，禁止用导线缠绕。

（6）在电流互感器与短路端子之间导线上进行任何工作，必要时申请停用有关保护装置、安全自动装置或自动化监控系统。

（7）工作中禁止将回路的永久接地点断开。所有电流互感器和电压互感器的二次绕组应该有一点且仅有一点永久的、可靠的保护接地。

（8）工作完毕，应检查接入回路是否正确，确认相关信号采集是否对应。

16. 0.4kV 带电更换配电柜电容器

（1）接触配电柜前应验明柜体无电，确认无漏电现象。

（2）应对作业范围内的带电体和接地体等进行必要的遮蔽，并可靠固定。

（3）更换电容器前，应断开电容器的空气开关和接触器。

（4）电容器更换前，对电容器应逐相进行充分放电，并验明无电后才能接触。

（5）拆除待更换的电容器前，应确保其他运行电容器组的接地良好。

17. 0.4kV 低压配电柜（房）带电新增用户出线

（1）新增用户的电缆应绝缘良好、无接地和无负载（即用户侧的空气开关在分闸状态）。

（2）在低压配电柜空气开关负荷侧接用户电缆端头时，应用验电器确认空气开关确已断开，且对带电部位进行必要的绝缘遮蔽。

（3）应正确区分用户电缆的相别，确保接线正确。

18. 0.4kV 临时电源供电

（1）旁路电缆在敷设时应避免在地面拖动，敷设完毕应分段绑扎固定。

（2）旁路设备联结后，用 1000V 绝缘电阻检测仪整体检测绝缘电阻不小于 10MΩ。旁路电缆绝缘检测完毕和退出运行后应进行充分放电。

（3）旁路电缆之间及与临时电源设备（发电车）发电车应连接可靠，相序正确。

（4）应对架空线及配电箱中可能触及的带电部位进行必要的绝缘遮蔽或隔离。

（5）在低压架空线上搭接旁路电缆引线前，应确认临时电源设备（发电车）出线开关处于分断位置；搭接时应严格按照先接零线、后接相线的顺序进行，且应确认相色标志的一致性。

（6）启动低压临时电源，如为发电车应先检查水位、油位、机油，确认供油、润滑、气路、水路的畅通，连接部无渗漏，发电车接地良好。发电机启动后保持空载预热状态，直至水温达到规定值，电子屏显示各项参数在正常范围。

（7）临时电源接入前应确认相序的正确性。

（8）倒闸操的顺序应正确。临时电源接入：先断开配电变压器低压侧开关，再合上低压临时电源出线开关；临时电源退出恢复正常供电：先断开低压临时电源出线开关，再合上配电变压器低压侧开关。

19. 0.4kV 架空线路（配电箱）临时取电向配电箱（柜）供电

（1）旁路电缆在敷设时应避免在地面拖动，敷设完毕应分段绑扎固定。

（2）旁路设备联结后，用 1000V 绝缘电阻检测仪整体检测绝缘电阻不小于 10MΩ。旁路电缆绝缘检测完毕和退出运行后应进行充分放电。

（3）旁路设备应连接可靠，相序正确。

（4）旁路设备运行期间，应定期监测器运行情况，并派专人看守、巡视，防止行人碰触，防止重型车辆碾压。

（5）转移的负荷与临时供电台区自有负荷相加不得大于临时供电配电箱（柜）的额定容量。

（6）转移的负荷电流应不大于旁路设备最小通流器件的额定电流。

20. 其余注意事项

（1）工作负责人应根据作业项目确定操作人员，如作业当天出现明显精神和体力不适的情况时，应及时更换人员，不得强行要求作业。

（2）作业前，应确认作业点电源侧的剩余电流保护装置已投入运行，并退出其自动重合功能。

（3）作业前，应根据作业项目、作业场所的需要，按数配足性能完好的绝缘防护用具、遮蔽用具、操作工具、承载工具等。工器具及防护用具应分别装入规定的工具袋中带往现场。在运输中应严防受潮和碰撞。在作业现场应选择干燥、阴凉位置，分类整理摆放在防潮布上，并检查确认工具的绝缘表面在运输、装卸过程中无孔洞、撞伤、擦伤和裂缝等损伤。

（4）作业现场及工具摆放位置周围应设置安全围栏、警示标志。

（5）作业过程中不得摘下绝缘手套及其他防护用具。

（6）带电断、接线路或设备的引线前应核对相线（火线）、零线。应严格按照先接负荷侧、后接电源侧和先接零线、后接相线的顺序进行，带电断开线路或设备引线时，应严格按照先断电源侧、后断负荷侧和先断相线、后断零线的顺序进行。禁止人体同时接触不同电位的两根线头。禁止带负荷断、接导线。

（7）作业时应采取绝缘隔离措施防止相间短路和单相接地，遮蔽措施之间应有重叠。拆开的引线、断开的线头应采取绝缘包裹等遮蔽措施。

（8）所有未接地、未采取绝缘遮蔽、断开点未采取加锁挂牌等可靠措施进行隔离电源的低压线路和设备都应视为带电。

（9）使用的工具应为绝缘手工工具，禁止使用锉刀、金属尺和带有金属物的毛刷、毛掸等工具。

（10）低压架空线路不停电作业的安全注意事项：

1）低压不停电作业中使用的登高平台或登高车应为绝缘平台或具有绝缘斗的登高车。

2）采用升降绝缘平台作业的，进入绝缘斗内即应扣好安全带。采用脚扣等登高工具登高的，应全程使用安全带，到达工作位置后应做好后备保护。安全带不得系在杆上不牢固、可能发生移动或有尖锐面的构件上。

3）断、接引线项目，作业人员应戴防电弧面罩。

4）采用低压综合抢修车的作业，作业车应顺线路方向停放在能避开附近电力线和障碍物便于绝缘斗到达作业位置的坚实路面。

5）使用绝缘梯作业时，绝缘梯的支柱应能承受作业人员及所携带的工具、材料的总重量，距梯顶 1m 处设限高标志。人字梯应有限制开度的措施。绝缘梯应有防滑措施。

6）在接近带电体的过程中，应用声光型低压验电器从下方依次验电。对人体可能触及范围内的低压线支承件、金属紧固件、横担等构件以及带电导体进行验电，确认无漏电现象。验电时，作业人员应与带电导体保持距离。低压带电导线或漏电的金属构件未采取绝缘遮蔽或隔离措施时，不得穿越或碰触。

7）架空线路设置绝缘遮蔽应按照从近到远、从下到上、从带电体到接地体的顺序进行。遮蔽用具之间的接合处应有重合部分。拆除遮蔽用具应按照从上到下，由远到近的顺序进行。

8）高低压同杆（塔）架设，在低压带电线路上工作前，应先检查与高压线路的距离，并采取防止误碰高压带电线路的措施。高低压同（塔）架设，在下层低压带电导线未采取绝缘隔离措施或未停电接地时，作业人员不得穿越。

（11）低压配电柜上不停电作业的安全注意事项：

1）户内低压配电柜上的不停电作业，应有足够的光线或照明。

2）低压配电柜上的不停电作业，作业人员应站在绝缘垫上进行。

3）接触低压配电柜前，应用低压验电器验明柜体和相邻设备是否带电，并应采取防止误入相邻间隔、碰相邻带电部分的措施。

四、作业技术要求

1. 电弧防护要求

低压不停电作业，作业人员应根据作业项目和作业场所、作业装置的具体情况，采取防电弧伤害的措施。

（1）作业人员在低压架空线路上进行配电网不停电作业时，应穿戴防电弧能力不小于 6.8cal/cm^2（1cal＝4.18J）的分体式防电弧服装，穿戴相应防护等级的防电弧面屏和防电弧手套。

（2）在低压配电柜（房）进行配电网不停电作业时，作业人员应穿戴防电弧能力不小于 27.0cal/cm^2 的连体式防电弧服装，穿戴相应防护等级的防电弧头罩和防电弧手套、鞋罩；在配电柜侧前方进行监护的工作负责人应穿戴防电弧能力不小于 6.8cal/cm^2 的分体式防电弧服装，穿戴相应防护等级的防电弧面屏和防电弧手套。

2. 电流防护要求

（1）低压绝缘安全防护用具的耐压水平已超过了系统可能出现的最大过电压，绝缘防护用具可视为主绝缘。

（2）作业过程中，与接触位置不同电位的导体和构件间应采取绝缘遮蔽或装设绝缘隔板等，限制作业人员的活动范围的措施。防护用具的耐压水平须超过低压配电系统可能出现的最大过电压。

（3）设置绝缘遮蔽时，按照从近到远的原则，从离身体最近的导体或构件开始依次设置；对上下多回分布的带电导线设置遮蔽用具时，应按照从下到上的原则，从下层导线开始依次向上层设置；对导线、绝缘子、横担的设置次序是按照从带电体到接地体的原则，先放导线遮蔽罩，再放绝缘子遮蔽罩，然后对横担进行遮蔽。

习　题

1. 简答：结合低压线路设备现场工作需求，根据作业对象设备，可将 0.4kV 不停电作业分为哪几类？

2. 简答：请简述低压配电柜上不停电作业的安全注意事项。

第三节 现场勘查记录与工作票填写

学习目标

1. 了解现场勘察记录和工作票填写要求
2. 掌握现场勘察记录和工作票格式和填写规范

知识点

工作票是工作人员在电气设备上或生产区域内进行施工、检修、维护等工作的书面依据，也是明确安全职责、保证作业安全的组织措施之一。本节主要介绍配电带电作业现场勘察记录、配电第一种工作票、配电带电作业工作票等填写要求，通过格式与填写规范介绍、要点讲解和实例展示，掌握配电带电作业现场勘察记录、配电第一种工作票、配电带电作业工作票等填写的注意事项、格式及其要求。

一、现场勘察记录填写要求

现场勘察记录是为了判定工作必要性和现场装置是否具备带电作业条件的主要依据。现场勘察后，现场勘察记录送交工作票签发人、工作负责人及相关人员，作为填写、签发工作票以及编写现场作业指导书的依据。填写现场考察记录应重点注意以下内容：

（1）现场勘察记录应使用统一的设备名称及操作术语；填写的设备名称应包括电压等级和设备双重称号。

（2）应根据检修（施工）作业需要的停电范围，保留的带电部位、邻近线路、交叉跨越、作业环境等影响作业的危险点，提出针对性的安全措施和注意事项并进行记录。

（3）作业线路的接线方式和现场作业环境可用接线图、照片等，必要时注明相序。

二、工作票填写要求

工作票是允许在运行中或将交付运行的电气设备、电力线路上及场所进行工作时，明确工作人员、交代工作任务和工作内容的书面命令，也是明确安全职责，向工作人员进行安全交底，危险点告知，实施安全措施，履行工作许可与监护以及工作间断、转移和终结手续的书面依据。填写工作票时应重点注意以下内容：

（1）工作票原则上应在生产管理系统（Power Production Management System，PMS）内填写，在网络通信中断或系统维护等特殊情况下也可手工填写。手工填写的工作票应与生产管理系统内的工作票保持一致。填写工作票时，所有栏目不得空白，若没有内容，则写"无"。

用计算机生成或打印的工作票应使用统一的票面格式。由工作票签发人审核无误，手工或电子签名后方可执行。工作票中不得涂改以下内容：① 工作地点或地段；② 停电申请单编号、线路双重名称、色标、位置称号；③ 接地线装设地点、编号；④ 计划工作时间、许可开始工作时间、工作延期时间、工作终结时间、接地线挂设时间、接地线拆除时间；⑤ 操作"动词"（"拉开""合上""挂设"等）。

（2）工作票应使用统一的设备名称及操作术语；填写的设备名称应包括电压等级和设备双重称号。同一张工作票，同一时间内，接地线不得重号。

（3）工作票中应将工作班人员全部填写，并注明"共×人"。使用工作任务单时，工作票的工作班成员栏内，可填写各工作任务单的小组负责人姓名与工作小组人数。工作任务单上应填写本工作小组全部人员姓名。

（4）工作票上所列的安全措施应包括所有工作任务单上所列的安全措施，安全措施应符合现场工作安全性要求。设备运维管理单位签发人须对工作必要性和安全性、运维管理单位需做安全措施是否正确完备负责。

（5）工作票由设备运维管理单位（部门）签发，也可由经设备运维管理单位（部门）审核合格且经批准的检修及基建单位签发。承发包工程中，工作票应实行"双签发"形式。签发工作票时，双方工作票签发人在工作票上分别签名，各自承担《电力安全工作规程（配电部分）（试行）》工作票签发人相应的安全责任。劳务分包单位人员不得担任工作票签发人、工作负责人。一张工作票中，工作票签发人和工作许可人不得兼任工作负责人。

三、现场勘察记录格式与填写规范

（一）现场勘察记录使用范围

现场勘察记录使用范围包括在邻近、交跨、平行带电线路的停电线路或同杆架设部分停电线路上的施工检修；跨越铁路、公路、河流等施工检修工作；配电线路或设备带电作业；涉及多专业、多单位、多班组的大型复杂作业和非本班组管辖范围内设备检修（施工）的作业；多电源或有自备电源的用户设备上的工作；试验和推广新技术、新工艺、新设备、新材料的作业项目；工作票签发人或工作负责人认为有必要进行现场勘察的其他施工检修作业。

（二）现场勘察记录内容

现场勘察记录主要内容包括勘察单位，编号，勘察负责人，勘察人员，勘察的线路名称或设备双重名称，工作任务，工作地点需要停电的范围，保留的带电部位，作业现场的条件，环境及其他危险点，应采取的安全措施、附图与说明、记录人等。

（三）现场勘察记录填写规范

1. 单位、班组

（1）单位：应填写工作班组主管单位的名称，如××线路工区、××管理所、××车间等。

（2）班组：应填写参加工作班组的名称，不能只写简称，要写全称。对于两个及以上班组共同进行的工作，班组名称填写"综合班组"。

2. 编号

现场勘察记录的编号应连续且唯一，不得重号。

3. 勘察负责人

组织该项勘察工作的负责人签名。

4. 勘察人员

所有进行现场勘察的人员应由本人签字，包括设备运维单位所派人员。

5. 勘察的线路名称或设备的双重名称（多回应注明双重称号及方位）

填写勘察的线路或设备的电压等级、双重名称；多回路还应填写双重称号（即线路名称和位置称号）、色标。结合现场实际勘察情况进行填写。

6. 工作任务［工作地点（地段）和工作内容］

根据配电网不停电作业计划和工作方案，结合现场实际勘察情况进行填写。

7. 现场勘察内容

（1）工作地点需要停电的范围。填写待检修线路（含分支线路）名称及起止杆号，需要停电才能工作的同杆（塔）、交叉跨越线路或邻近线路的名称及起止杆号。

（2）保留的带电部位。填写待检修线路工作地段及周围所保留的带电部位。

（3）作业现场的条件、环境及其他危险点［应注明：交叉、邻近（同杆塔、并行）电力线路；多电源、自发电情况；地下管网沟道及其他影响施工作业的设施情况］。填写工作地点周围有可能误碰、误登的带电设备，需要跨越铁路、公路、河道、管道、电力或通信线路等重要跨越部位。

（4）应采取的安全措施（应注明：接地线、绝缘隔板、遮栏、围栏、标示牌等装设位置）。针对作业现场危险点，填写应采取的安全防范措施，确定接地线、绝缘隔板、遮栏、围栏、标示牌等装设位置。

（5）附图与说明。绘制待检修线路地理走径图，标明邻近带电线路和设备名称及铁路、公路、河道、管道、电力或通信线路等重要跨越物。

8. 记录人及勘察日期

填写记录人姓名、勘察日期和时间。

（四）现场勘察记录范本

现场勘察记录（范本）

勘察单位_____　　部门（或班组）_____　　编号_____

勘察负责人_____；　　勘察人员：_____

勘察的线路名称或设备双重名称（多回应注明双重称号及方位）：

_____

工作任务［工作地点（地段）和工作内容］：_____

_____

现场勘察内容：

内容
1. 工作地点需要停电的范围
2. 保留的带电部位
3. 作业现场的条件、环境及其他危险点［应注明：交叉、邻近（同杆塔、并行）电力线路；多电源、自发电情况；地下管网沟道及其他影响施工作业的设施情况］
4. 应采取的安全措施（应注明：接地线、绝缘隔板、遮栏、围栏、标示牌等装设位置）
5. 附图与说明

记录人：_____　　　　　　　勘察日期：_____年____月____日____时

四、配电第一种工作票格式与填写规范

在 10kV 环网柜临时取电给移动箱变供电作业作业，倒闸操作对移动箱变车高压、低压分别送电等作业中需填写配电第一种工作票。

（一）配电第一种工作票使用范围

配电第一种工作票应用于一条线路的停电工作、同一个电气连接部位的几条供电线路的停电工作、同（联）杆塔架设且同时停送电的几条线路的停电工作、进行同杆架设改造且同时停送电的几条线路的停电工作、进行电气连接改造且同时停送电的几条线路的停电工作。

（二）配电第一种工作票内容

配电第一种工作票主要内容包括单位名称、工作票编号、工作负责人、班组名称、工作班成员、工作任务、计划工作时间、安全措施、工作许可、工作任务单登记、人员变更、工作票延期、每日开工和收工记录、工作终结、工作票终结、备注等。

（三）配电第一种工作票填写规范

1. 单位、班组

（1）单位：应填写工作班组主管单位的名称，如××线路工区、××管理所、××车间等。

（2）班组：应填写参加工作班组的名称，不能只写简称，要写全称。对于两个及以上班组共同进行的工作，则班组名称填写"综合班组"。

2. 编号

工作票的编号，同一单位（部门）、同一类型的工作票应统一编号，不得重号。手工填票编号规则为：单位简称＋年份（4 位）＋月份（2 位）＋编号（3 位），共 9 位数字；计算机开票时，单位和编号由系统自动生成。

3. 工作负责人

填写组织、指挥工作班组人员安全完成工作票上所列工作任务的责任人员。工作负责人应由具有独立工作经验的人员担任。工作负责人必须始终在工作现场，并对工作班人员安全进行认真监护。一个工作负责人只能发给一张工作票，在工作期间，工作票应始终在工作现场并保留在工作负责人手中。

4. 工作班成员

填写参与工作的全部工作班成员姓名，并注明"共×人"（不包括工作负责

人，参加工作人员应是双准入人员）。

5. 工作任务

（1）工作地点或设备［注明变（配）电站、线路名称、设备双重 名称及起止杆号］。配电线路工作应填写工作线路（包括有工作的分支线路等）电压等级、双重名称（同杆双回或多回线路应注明线路位置称号）、工作地段起止杆号。配电设备工作应填写工作的变电站、环网柜、配电站、开闭所等设备的电压等级、名称及检修工作区域和检修设备的双重名称，填写的设备名称应与现场相符（包括电压等级）。

（2）工作内容。工作内容应填写明确，术语规范，且不得超出相应停电申请单中的工作内容。应写明工作性质、内容［如迁移、立杆、放线、更换架空地线、更换变压器、拆除（恢复）线路搭头等］；消缺工作应写明消缺具体内容（如处理××耐张搭头，更换××避雷器等），不得以维修、消缺等模糊词语涵盖工作内容。工作内容应填写完整，不得省略。

变（配）电站内和线路上均有工作时，为便于区分，应将变（配）电站的工作地点、工作内容排在前面，线路工作地点及内容排在站所工作的后面。不同工作地点的工作，应分行填写；工作地点与工作内容应对应。

6. 计划工作时间

填写不包括设备停、送电操作及实施安全措施在内的设备检修时间。计划工作时间的填写统一按照公历的年、月、日和 24h 制填写，如"自 2011 年 06 月 15 时 09 时 00 分至 2011 年 06 月 15 日 15 时 30 分"。

7. 安全措施

（1）调控或运维人员［变（配）电站、发电厂］应采取的安全措施。此栏填写涉及的变（配）电站或线路名称以及由调控或运维人员操作的各侧（包括变电站、配电站、用户站、各分支线路）断路器（开关）、隔离开关（刀闸）、熔断器；变（配）电站内、线路上应合接地刀闸或应装接地线，应装绝缘挡板的编号和确切位置；变（配）电站内应装设遮栏，挂标示牌的名称和地点以及防止二次回路误碰等措施。

变（配）电站内和线路上均需采取安全措施时，为便于区分，应将变（配）电站内应采取的安全措施排在前面，线路上应采取的安全措施排在后面。涉及多个站所、多条线路和设备时，为避免混乱，各站所、线路和设备应逐一填写。如"110kV××变电站：应断开××开关，应断开××刀闸"。

已执行以上安全措施完成后，工作负责人在接受许可时，应与工作许可人逐项核对确认并打"√"。

（2）工作班完成的安全措施。填写需要工作班操作停电的配电变压器及用户名称、应装设的遮栏（围栏）、交通警示牌等。如"应拉开 10kV××线×× 配变低压侧开关"。没有则填写"无"。由工作班装设的工作接地线可仅在"5.3"项填写，已执行安全措施完成后，工作负责人逐项核对确认并打"√"。

（3）工作班装设（或拆除）的接地线。

1）线路名称或设备双重名称和装设位置填写应装设工作接地线（包括 0.4kV）的确切位置、地点；如"10kV××线××号杆支线侧"。各工作班工作地段两端和有可能送电到停电线路的分支线（包括用户）都要挂接地线。配合停电的交叉跨越或邻近线路，在线路的交叉跨越或邻近处附近应装设一组接地线；配合停电的同杆（塔）架设线路装设接地线要求与检修线路相同。

2）接地线编号填写应装设的工作接地线（包括 0.4kV）的编号。分段工作，同一编号的接地线可分段重复使用。接地线编号栏在挂好接地线后由工作负责人在现场填写。工作地段内无法装设工作接地线的，可向工作许可人借用操作接地线，此时"接地编号"应填写操作接地线的编号并应在编号后注明"（借用）"。

3）装设时间、拆除时间由工作负责人依据现场工作班成员装设或拆除接地线完毕的时间填写。分段装设的接地线应根据工作区段转移情况逐段填写。向变电站运行值班员（许可人）借用的接地线装、拆时间，以现场许可和终结的时间为准。接地线装、拆时间填写应采用 24h 制，可仅填写时、分，如"14 时 06 分"。

（4）配合停电线路应采取的安全措施。填写由非调控或运维人员负责的配合停电的线路名称及应断开的断路器（开关）、隔离开关（刀闸）、熔断器，应合上的接地刀闸或应装设的操作接地线。没有则填写"无"。

已执行以上安全措施完成后，工作负责人在接受许可时，应与工作许可人（配合停电联系人）逐项核对确认并打"√"。

（5）保留或邻近的带电线路、设备。应注明工作地点或地段保留或邻近的带电线路、设备的电压等级、双重名称及杆（塔）号，主要填写邻近或交叉跨越的带电线路、设备名称（双重称号）；发电厂、变电站出口停电线路两侧的邻近带电线路与工作地段邻近、平行或交叉且有可能误登误触的带电线路及设备；拉开后一侧有电、一侧无电的配电设备。如柱上开关、闸刀、跌落熔断器等；变（配）电站、开闭所内的配电设备工作，应填写工作地点及周围所保留的带电部位、带电设备名称。工作地点；没有则填写"无"。

（6）其他安全措施和注意事项。填写根据工作现场的具体情况而采取的一些安全措施或有关安全注意事项。如装设个人保安接地线，在杆下装设临时围栏，防止倒杆应设临时拉线，线路交跨处的安全距离提示，起重、运输安全事项，在道路上放置提醒来往车辆和行人注意安全的交通警示牌等。

（7）工作票签发人签名、工作负责人签名。

确认工作票"1～5.6"项无误后，工作票签发人和工作负责人在签名栏内签名，并在时间栏内填入相应时间。"双签发"时应履行同样手续。

（8）其他安全措施和注意事项补充（由工作负责人或工作许可人填写）。工作负责人或工作许可人根据现场的实际情况，补充安全措施和注意事项。无补充内容时填写"无"。

8. 工作许可

工作许可人和工作负责人分别在各自收执的工作票上填写许可的线路或设备名称、许可方式、工作许可人、工作负责人、许可工作的时间。许可工作时间不得早于计划工作开始时间。

9. 工作任务单登记

若一张工作票下设多个小组工作，工作负责人应将所有工作任务单的编号、工作任务、小组负责人姓名以及工作任务下达、工作终结时间逐一登记。没有则填"无"。

工作班成员在明确了工作负责人和小组负责人交代的工作内容、人员分工、带电部位、现场布置的安全措施和工作的危险点及防范措施后，每个工作班成员在工作负责人所持工作票的本栏签名，不得代签。

一张工作票多小组工作，使用工作任务单时，由各小组负责人在工作票上签名，其他小组成员分别在对应的工作任务单上签名。

10. 人员变更

经工作票签发人同意，在工作票上填写原工作负责人和新工作负责人的姓名及变动时间，同时通知工作许可人；新、老工作负责人应做好交接手续。交接手续完成后，原工作负责人与新工作负责人应分别在工作票上签名确认，并记录确认时间。

工作人员新增或离开应经工作负责人同意并签名，在工作票上写明变更人员姓名、变更时间。新增人员在明确了工作内容、人员分工、带电部位、现场安全措施和工作的危险点及防范措施，在工作负责人所持工作票"8"项签名确认后方可参加工作。

11. 工作票延期

工作票需办理延期手续时，应由工作负责人向工作许可人提出申请，并将同意延期期限记入本栏，同时，工作负责人、工作许可人签名（或代签）并填写相应的时间。

12. 每日开工和收工记录（使用一天的工作票不必填写）

填写每日收工时间及次日开工时间，工作负责人、工作许可人分别签名确认。在需要分别履行工作许可、终结手续的分区段工作中，填写每个区段的工作终结和开工许可时间，工作负责人、工作许可人分别签名确认。

13. 工作终结

填写拆除的所有工作接地线组数和个人保安线数量。

工作终结后，工作负责人应及时报告工作许可人，若有其他单位的设备配合停电，还应及时通知配合停电设备运行管理单位的停电联系人。工作终结报告应当面进行。

报告结束后，工作许可人和工作负责人分别在各自收执的工作票上填写终结的线路或设备的名称、报告方式、工作负责人、工作许可人和终结报告时间，办理工作终结手续。工作一旦终结，任何工作人员不得进入工作现场。

14. 工作票终结

填写已拆除的、由工作许可人负责装设的接地线和接地刀闸编号、数量，以及工作票的终结时间。确认接地线和接地刀闸都已经拆除后，工作许可人签名。

15. 备注

注明指定专责监护人及负责监护地点及具体工作。如"指定专责监护人张××负责监护李××在 10kV××线××杆进行××工作"。该部分内容仅需在工作负责人所持工作票上填写；其他需要交代或需要记录的事项。

（四）配电第一种工作票范本

配电第一种工作票（范本）

单位＿＿＿＿＿＿＿＿＿＿　　　　　　　　　编号＿＿＿＿＿＿＿＿＿＿

1. 工作负责人＿＿＿＿＿＿＿＿＿　　　　　　班组＿＿＿＿＿＿＿＿＿＿

2. 工作班成员（不包括工作负责人）

＿＿＿＿＿＿＿＿＿＿＿＿＿＿＿＿＿＿＿＿＿＿＿＿＿＿＿＿＿＿＿＿＿＿

＿＿＿＿＿＿＿＿＿＿＿＿＿＿＿＿＿＿＿＿＿＿＿＿＿＿＿＿＿＿＿＿＿＿

＿＿＿＿＿＿＿＿＿＿＿＿＿＿＿＿＿＿＿＿＿＿＿＿＿＿共＿＿＿人。

3. 工作任务

工作地点或设备〔注明变（配）电站、线路名称、设备双重名称及起止杆号〕	工作内容

4. 计划工作时间：

自_____年____月____日____时____分至_____年____月____日____时____分

5. 安全措施〔应改为检修状态的线路、设备名称，应断开的断路器（开关）、隔离开关（刀闸）、熔断器，应合上的接地刀闸，应装设的接地线、绝缘隔板、遮栏（围栏）和标识牌等，装设的接地线应明确具体位置，必要时可附页绘图说明〕

5.1　调控或运维人员〔变（配）电站、发电厂〕应采取的安全措施	已执行

5.2　工作班完成的安全措施	已执行

5.3　工作班装设（或拆除）的接地线

线路名称及设备双重名称和装设位置	接地线编号	装设时间	拆除时间

5.4　配合停电线路采取的安全措施	已执行

5.5　保留或邻近的带电线路、设备

_____

_____

5.6　其他安全措施和注意事项

_____

_____

_____

工作票签发人签名_____　　　　　_____年____月____日____时____分

工作票会签人签名_____　　　　　_____年____月____日____时____分

工作票会签人签名_____　　　　　_____年____月____日____时____分

工作负责人签名　_____　　　　　_____年____月____日____时____分

5.7　其他安全措施和注意事项补充（由工作负责人或工作许可人填写）

_____

_____

_____

6. 工作许可

许可的线路或设备	许可方式	工作许可人	工作负责人签名	许可工作的时间
				_____年____月____日____时____分
				_____年____月____日____时____分

7. 工作任务单登记

工作任务单编号	工作任务	小组负责人	工作任务下达时间	工作结束报告时间

8. 现场交底，工作班成员确认工作负责人布置的工作任务、人员分工、安全措施和注意事项并签名：
_____
_____

9. 人员变更

9.1　工作负责人变动情况：原工作负责人_____离去，变更_____为工作负责人。

　　工作票签发人_____　　　　　　　　_____年___月___日___时___分

　　原工作负责人签名确认_____　　　　新工作负责人签名确认_____

　　　　　　　　　　　　　　　　　　　　_____年___月___日___时___分

9.2　工作人员变动情况

新增人员	姓名					
	变更时间					
离开人员	姓名					
	变更时间					

　　工作负责人签名_____

10. 工作票延期：有效期延长到_____年___月___日___时___分。

　　工作负责人签名_____　　　　　　　_____年___月___日___时___分

　　工作许可人签名_____　　　　　　　_____年___月___日___时___分

11. 每日开工和收工记录（使用一天的工作票不必填写）

收工时间	工作负责人	工作许可人	开工时间	工作许可人	工作负责人

12. 工作终结

12.1　工作班现场所装设接地线共____组、个人保安线共____组已全部拆除，工作班人员已全部撤离现场，材料工具已清理完毕，杆塔、设备上已无遗留物。

12.2　工作终结报告

终结的线路或设备	报告方式	工作负责人	工作许可人	终结报告时间

13. 工作票终结

已拆除工作许可人现场所挂_____（编号）接地线共____组；已拉开_____（编号）接地刀闸共____副。

工作票于_____年____月___日___时____分结束。

工作许可人：_____

14. 备注

14.1　指定专责监护人_____负责监护_____

_____（地点及具体工作）

14.2　其他事项_____

五、配电带电作业工作票格式与填写规范

（一）配电带电作业工作票使用范围

配电带电作业工作票应用于高压配电带电作业；与邻近带电高压线路或设备的距离大于《电力安全工作规程（配电部分）（试行）》表 4–2（见表 4–19）、小于表 4–1（见表 4–20）规定的不停电作业。

表 4–19　　　　　　　带电作业时人身与带电体间的安全距离

电压等级 （kV）	10	20
距离 （m）	0.4	0.5

注　表中数据是根据线路带电作业安全要求提出的。除标注数据外，其他电压等级数据按海拔 1000m 校正。

表 4–20　　　　　　　高压线路、设备不停电时的安全距离

电压等级（kV）	安全距离（m）
10 及以下	0.7
20、35	1.0

（二）配电带电作业工作票内容

配电带电作业工作票主要内容包括单位名称、工作票编号、工作负责人、班组名称、工作班成员、工作任务、计划工作时间、安全措施、工作许可、现场补充的安全措施、现场交底、每日开工和收工记录、工作终结、备注等。

（三）配电带电作业工作票填写规范

1. 单位、班组

（1）单位：应填写工作班组主管单位的名称，如××线路工区、××管理

所、××车间等。

（2）班组：应填写参加工作班组的名称，不能只写简称，要写全称。对于两个及以上班组共同进行的工作，则班组名称填写"综合班组"。

2. 编号

工作票的编号，同一单位（部门）、同一类型的工作票应统一编号，不得重号。手工填票编号规则为：单位简称+年份（4 位）+月份（2 位）+编号（3 位），共 9 位数字；计算机开票时，单位和编号由系统自动生成。

3. 工作负责人

填写组织、指挥工作班人员安全完成工作票上所列工作任务的责任人员。工作负责人应由具有独立工作经验的人员担任。工作负责人必须始终在工作现场，并对工作班人员安全进行认真监护。一个工作负责人只能发给一张工作票，在工作期间，工作票应始终保留在工作负责人手中。

4. 工作班成员（不包括工作负责人）

填写参与工作的全部工作班成员姓名，并注明"共×人"（不包括工作负责人，参加工作人员应是双准入人员）。专责监护人填写指定的专责监护人姓名。工作班成员必须列出所有参加现场工作的人员姓名，不得简略填写"××等几人"。

5. 工作任务

（1）线路名称或设备双重名称。填写电压等级和双重名称。工作线路为同杆架设的多回线时，还应写明位置称号、色标。

（2）工作地段、范围。填写工作线路（包括有工作的分支线、T 接线路等）或设备工作地点地段、起止杆号，明确工作范围。如果是在一段线路上工作，应填写××kV××线（左线或右线）××号杆至××号杆。如果是在一基杆塔上工作，应填写××kV××线（左线或右线）××号杆、××kV××线××支线（左线或右线）××号杆。如果是在变压器台上工作，应填写线路名称和逐个变压器台架号。如"××kV××线××号杆××配电室跌落式熔断器"。

（3）工作内容及人员分工填写时，任务应具体清楚，术语规范，不得使用模糊词语。

6. 计划工作时间

由于配电带电作业工作票中无工作延期规定，因此工作票签发人在考虑计划工作时间时，应根据实际工作需要填写计划工作时间，若在预定计划工作时间工作尚未完成，应将该工作票终结重新办理工作票。计划工作时间的填写统一按照公历的年、月、日和 24h 制填写，如"自 2011 年 06 月 20 日 09 时 00 分至 2011 年 06 月 20 日 16 时 30 分"。

7. 安全措施

（1）调控或运维人员应采取的安全措施。线路名称或设备双重名称：填写调控或运维人员应采取安全措施的线路或设备的电压等级和双重名称。是否需要停用重合闸：填"是"或"否"。作业点负荷侧需要停电的线路、设备：填写线路名称或设备双重名称，没有则填"无"。应装设的安全遮栏（围栏）和悬挂的标示牌：分类填写应设置的遮栏、标示牌及所设的位置。

（2）其他危险点预控措施和注意事项。根据现场工作条件和设备状况，填写相应的安全措施和注意事项：① 对于中性点有效接地的系统中有可能引起单相接地的作业、中性点非有效接地的系统中有可能引起相间短路的作业等内容要填入此栏；② 严禁约时停用或恢复重合闸也要在此栏中填写；③ 进行地电位带电作业时，人身与带电体间的安全距离要求都要在此栏中注明；④ 绝缘操作杆、绝缘承力工具和绝缘绳索的有效绝缘长度也要在此栏中注明；⑤ 在市区或人口稠密的地区进行带电作业时，工作现场应设置围栏，派专人监护，严禁非工作人员入内等措施要在此栏中写明；⑥ 带电断、接空载线路时，应在确认线路的另一端断路器（开关）和隔离开关（刀闸）确已断开，接入线路侧的变压器、电压互感器确已退出运行后，方可进行；⑦ 应将严禁带负荷断、接引线等内容填入此栏内；⑧ 带电短接设备时，要将"短接前核对相位，断路器（开关）应处于合闸位置，并取下跳闸回路熔断器（保险），锁死跳闸机构后，方可短接；组装分流线的导线处应清除氧化层，且线夹接触应牢固可靠"等措施内容填入此栏中。

工作票签发人、工作负责人对上述所填内容确认无误后签名并填写时间。非设备运维管理单位在配电线路或设备上进行带电作业，工作票应经设备运维管理单位会签，实行"双签发"。

8. 确认本工作票 1～5 项正确完备，许可工作开始

确认本工作票 1～5 项正确完备，许可工作开始工作许可人和工作负责人分

别在各自收执的工作票（或调度 日志）上填写许可的线路或设备的双重名称、许可方式、工作许可人、工作负责人、许可工作时间。

9. 现场补充的安全措施

由工作负责人根据带电作业的工作条件和作业现场的具体情况，提出补充安全措施。如邻近运行设备作业时，应注明邻近设备运行情况，并根据电压等级注明保持安全距离"××m"。无补充内容时填写"无"。

10. 现场交底，工作班成员确认工作负责人布置的工作任务、人员分工、安全措施和注意事项并签名

工作班成员在明确了工作负责人交代的工作内容、人员分工、带电部位、现场布置的安全措施和工作的危险点及防范措施后，每个工作班成员在本栏签名，不得代签。

11. 每日开工和收工记录（使用一天的工作票不必填写）

填写每日收工时间及次日开工时间，工作负责人、工作许可人分别签名确认。

12. 工作终结

工作负责人确认工作班人员已全部撤离现场，材料工具已清理完毕、杆塔、设备上已无遗留物后工作负责人向工作许可人汇报工作完毕，填写终结的线路或设备名称、报告方式、工作负责人、工作许可人、终结报告时间。

13. 备注

填写线路带电作业中需要注意的其他事项。如对带电作业应设专责监护人的职责要提出明确要求，监护人不得直接操作；监护的范围不得超过一个作业点；复杂或高杆塔作业必要时应增设（塔上）监护人等。

（四）配电带电作业工作票范本

配电带电作业工作票（范本）

单位＿＿＿＿＿＿＿　　　　　　　　　　　　　编号＿＿＿＿＿＿＿

1. 工作负责人＿＿＿＿＿＿＿　　　　　　　　班组＿＿＿＿＿＿＿

2. 工作班成员（不包括工作负责人）

＿＿＿＿＿＿＿＿＿＿＿＿＿＿＿＿＿＿＿＿＿＿＿＿＿＿＿＿＿＿＿

＿＿＿＿＿＿＿＿＿＿＿＿＿＿＿＿＿＿＿＿＿＿＿＿＿＿＿＿＿＿＿

＿＿＿＿＿＿＿＿＿＿＿＿＿＿＿＿＿＿＿＿＿＿＿共＿＿人。

3. 工作任务

线路名称或设备双重名称	工作地段、范围	工作内容及人员分工	专责监护人

4. 计划工作时间：

自_____年____月___日___时___分至_____年____月___日___时___分

5. 安全措施

5.1 调控或运维人员应采取的安全措施

线路名称或设备双重名称	是否需要停用重合闸	作业点负荷侧需要停电的线路、设备	应装设的安全遮栏（围栏）和悬挂的标示牌

5.2 其他危险点预控措施和注意事项

_____
_____
_____

工作票签发人签名_____　　　　_____年____月___日___时___分
工作票会签人签名_____　　　　_____年____月___日___时___分
工作负责人签名_____　　　　_____年____月___日___时___分

6. 确认本工作票1至5项正确完备，许可工作开始

许可的线路、设备	许可方式	工作许可人	工作负责人签名	许可工作的时间
				____年___月___日___时___分
				____年___月___日___时___分

7. 现场补充的安全措施

_____
_____
_____
_____

8. 现场交底，工作班成员确认工作负责人布置的工作任务、人员分工、安全措施和注意事项并签名：

_____
_____
_____

9. 每日开工和收工记录（使用一天的工作票不必填写）

收工时间	工作负责人	工作许可人	开工时间	工作许可人	工作负责人

10. 工作终结

10.1　工作班人员已全部撤离现场，工具、材料已清理完毕，杆塔、设备上已无遗留物。

10.2　工作终结报告

终结的线路或设备	报告方式	工作许可人	工作负责人签名	终结报告时间				
				年	月	日	时	分
				年	月	日	时	分

11. 备注

_____

_____

六、低压工作票格式与填写规范

（一）低压工作票使用范围

低压工作票主要应用于低压配电工作，不需要将高压线路、设备停电或做安全措施者，0.4kV 及以下接户线、装表接电等带电作业。

（二）低压工作票内容

低压工作票主要内容包括单位名称，工作票编号，工作负责人，班组名称，工作班成员，工作的线路名称或设备双重名称，工作任务，计划工作时间，安全措施，工作许可，每日开工和收工记录、工作票终结、备注等内容。

（三）低压工作票填写规范

1. 单位、班组

单位应填写本公司进行的工作，填写工作负责人所在的单位名称。外单位来本公司进行的工作，填写施工单位名称。

班组应填写工作负责人所在班组名称。对于两个及以上班组共同进行的工作，则班组名称填写"综合班组"。

2. 编号

工作票的编号，同一单位（部门）同一类型的工作票应统一编号，不得重号。计算机开票时，单位和编号由系统自动生成。当工作票打印有续页时，在每张续页右上方填写工作票编号。

3. 工作负责人

填写该项工作的负责人姓名。工作负责人名单应由工区（所、公司）书面批准公布，县公司应由其公司书面批准公布。电力系统内跨单位工作的，由施工单位出具书面批准的工作负责人名单的文件。非电力系统人员在我公司担任工作负责人的应预先经安监部门考试审核确认。

4. 工作班成员（不包括工作负责人）

填写参与工作的全部工作班成员姓名，并注明"共×人"，不包括工作负责人，参加工作人员应是双准入人员。

5. 工作的线路名称或设备双重名称（多回路应注明双重称号及方位）、工作任务

填写工作线路（包括有工作的分支线路等）电压等级、双重名称（同杆双回或多回线路应注明线路位置称号）、工作地段起止杆号及编号。如"××村××号配电室××线"。

工作内容应填写明确，术语规范。必须将所有工作内容填全，不得省略。如低压线路或低压电气设备的清扫、检修、试验、安装、拆除、更换等项目。如"××村××号配电室×线×号杆×相绝缘子更换"。

6. 计划工作时间

填写已批准的检修期限。用阿拉伯数字填写，月、日、时、分使用双位数字和 24h 制。

7. 安全措施（必要时可附页绘图说明）

（1）工作的条件和应采取的安全措施（停电、接地、隔离和装设的安全遮栏、围栏、标示牌等）。填写应改为检修状态的线路或设备双重名称，以及应采取的停电、接地、隔离和装设的安全遮栏、围栏、标示牌等措施。如"应断开××村××号配电室××线××交流接触器，断开××村××号配电室××线××刀开关，并检查××村××号配电室××线××刀开关三相确已明显断开，取下××村××号配电室××线××熔断器"。

（2）保留的带电部位。应注明工作地点或地段保留的带电线路、设备的名称及杆号，包括同杆架设、平行、交叉跨越的线路名称。配电线路、分接箱中断开的开关、刀闸带电侧等均应在工作票中注明。填写在配电室外工作线路与带电线路相邻处的起止杆号，如"停电的××村××号配电室××线 5 号杆至 6 号杆线路与带电的××村××号配电室××线 7 号杆至 8 号杆线路交叉跨越"。填写工作地段与停电设备相邻的带电设备名称、编号，如"××村××号配电室××号配电变压器，××刀开关、××配电盘母线、××电容器、××线路及所属设备均带电"。当断开的设备一侧带电，一侧无电时，该电气设备应视为带电设备并在此栏中注明，如"××线××刀开关虽已断开、由于其电源侧带电，所以××线××刀开关应视为带电设备"。对于断开的开关，由于开关触头在开关内，无明显断开点，则开关下侧所装熔断器或刀开关同样视为带电设备并在此栏中注明。没有保留的带电线路或带电设备，在此栏中填"无"。

（3）其他安全措施和注意事项。在安全措施栏内没有此项内容但要求工作班成员必须注意的安全事项，以及完成此项工作应采取的重大技术措施、应注意的问题等。如用吊车立杆，吊臂下严禁站人；新立杆根未夯实前不得登杆等。没有则填写"无"。

（4）应装设的接地线。线路名称或设备双重名称和装设位置填写应装设工作接地线的确切位置、地点，如"0.4kV×线×号杆大号侧"。各工作班工作地段两端和有可能送电到停电线路的分支线（包括用户）都要挂接地线。配合停电线路上的接地线，可以只在停电检修线路工作地点附近安装一组。接地线编号栏在挂好接地线后由工作负责人在现场填写。

装设时间、拆除时间工作负责人依据现场工作班成员装设或拆除接地线完毕的时间填写。分段装设的接地线应根据工作区段转移情况逐段填写。接地线装、拆时间填写应采用 24h，可仅填写时、分，如"14 时 06 分"。

工作票签发人、工作负责人签名时，对上述工作任务、安全措施及注意事项确认无误后，工作票签发人、工作负责人签名并填写相应时间。"双签发"时应履行同样手续。

8. 工作许可

现场补充的安全措施填写时，工作负责人或工作许可人根据现场的实际情况，补充其他安全措施和注意事项。无补充内容时填"无"。确认本工作票安全措施正确完备，许可工作开始，工作许可人和工作负责人在工作票上填写许可方式、许可工作时间，并分别签名。

9. 现场交底，工作班成员确认工作负责人布置的工作任务、人员分工、安全措施和注意事项并签名

工作班成员在明确了工作负责人交代的工作内容、人员分工、带电部位、现场布置的安全措施和工作的危险点及防范措施后，每个工作班成员在工作负责人所持的工作票本栏签名，不得代签。

10. 每日开工和收工记录（使用一天的工作票不必填写）

填写每日收工和次日开工时间，工作负责人和工作许可人双方均应填写姓名、时间。

11. 工作票终结

填写拆除的所有工作接地线组数和个人保安线数量。工作许可人和工作负责人分别在工作票上签名并填写工作终结时间。

12. 备注

填写工作负责人、工作班成员、专职监护人变动信息、工作任务的变更情况等其他需要说明的事项。如"为防止误登带电杆，在××线×号杆设×××为专责监护人"。一个工作班组使用一份工作票在不同地点分组工作时，各小组为了保证安全，工作负责人可以指定各个工作小组的监护人，指定各个工作小组监护人的情况也应填入此栏。宣读工作票时填写的"需记录备案内容"一并宣读。

（四）低压工作票范本

低压工作票（范本）

单位_____   编号_____

1. 工作负责人_____   班组_____

2. 工作班成员（不包括工作负责人）_____
_____   共____人。

3. 工作的线路名称或设备双重名称（多回路应注明双重称号及方位）、工作任务
_____
_____

4. 计划工作时间

自_____年___月___日___时___分至_____年___月___日___时___分

5. 安全措施（必要时可附页绘图说明）

5.1　工作的条件和应采取的安全措施（停电、接地、隔离和装设的安全遮栏、围栏、标示牌等）：
_____
_____
_____

5.2　保留的带电部位

_____

_____

5.3　其他安全措施和注意事项

_____

_____

_____

5.4　应装设的接地线

线路名称或设备双重名称和装设位置	接地线编号	装设时间	拆除时间

工作票签发人签名_____　　　　　_____年____月____日____时____分

工作票会签人签名_____　　　　　_____年____月____日____时____分

工作负责人签名_____　　　　　_____年____月____日____时____分

6. 工作许可

6.1　现场补充的安全措施

_____

_____

6.2　确认本工作票安全措施正确完备，许可开始工作

许可方式_____　许可工作时间_____年____月____日____时____分

工作许可人签名_____　　工作负责人签名_____

7. 现场交底，工作班成员确认工作负责人布置的工作任务、人员分工、安全措施和注意事项并签名：

_____

_____

8. 每日开工和收工记录（使用一天的工作票不必填写）

收工时间	工作负责人	工作许可人	开工时间	工作许可人	工作负责人

9. 工作票终结

工作班现场所装设接地线共____组、个人保安线共____组已全部拆除，工作班人员已全部撤离现场，工具、材料已清理完毕、杆塔、设备上已无遗留物。

工作负责人签名_____　　工作许可人签名_____

工作终结时间_____年____月____日____时____分

10. 备注

_____

_____

七、配电网倒闸操作票格式与填写规范

（一）配电网倒闸操作票使用范围

配电网设备倒闸操作主要应用于设备的停复役操作、改变设备状态的操作、旁路断路器代供电操作、倒排操作、合解环操作、并解列操作等。

（二）配电网倒闸操作票内容

配电网倒闸操作票的主要内容包括发令人、受令人、发令时间、操作开始时间、操作结束时间、任务票编号、工作票编号、操作任务、操作项目等。

（三）配电网倒闸操作票填写规范

1. 单位

应填入操作人、监护人所在的单位，单位名称要写全称，不能写简称或代号，如××配电工区。

2. 编号

同一单位（部门）的倒闸操作票的编号应统一编号，不得重号；编号规则为：单位简称＋年份（4 位）＋月份（2 位）＋编号（3 位），共 9 位数字。计算机开票时，单位和编号由系统自动生成。

3. 发令时间与生成时间

发令时间填写调度（供电所值班负责人）下达操作指令的详细时间，年用 4 位阿拉伯数字表示，月、日用 2 位阿拉伯数字表示，时、分用 24h 制表示，不足 2 位的在前面添"0"补足；生成时间填写倒闸操作票的开票时间，年用 4 位阿拉伯数字表示，月、日用 2 位阿拉伯数字表示。

4. 发令人

填写当值调度（供电所值班负责人）具备命令资格的人的姓名。

5. 受令人

填写具备资格的当班值班（工作）负责人姓名。

6. 任务票编号

填写调度任务票编号、部管辖设备操作任务票编号。

7. 工作票编号

填写部管辖设备工作票编号。

8. 操作来源

操作来源根据操作任务票来源填写，如调度任务票、自辖任务票、营销联系单、抢修联系单、工作票。

9. 操作地点

填写该项操作任务的具体工作地点。

10. 操作任务

须根据同一操作项目目的进行的一系列相互关联、依次连续进行电气操作过程进行倒闸操作票填写。明确设备由一种状态转为另一种状态，或者系统由一种运行方式转为另一种运行方式。一张票只好填一个操作任务。

电力线路操作任务的填写，如××kV××线由运行转为检修、××kV××线由检修转为运行、××kV××线××支线由运行转为检修、××kV××线××支线由检修转为运行。

电力线路断路器操作任务的填写，如××kV××线××分段断路器由运行转为冷备用、××kV××线××分段断路器由冷备用转为检修、××kV××线××分段断路器由检修转为冷备用、××kV××线××分段断路器由冷备用转为运行、拉开××kV××线××线××分段断路器，××线××号杆至××号杆设备由运行转为检修、合上××kV××线××分段断路器，××线××号杆至××号杆设备由检修转为运行。

电力线路隔离开关操作任务的填写，如××kV××线××隔离开关由运行转为检修、××kV××线××隔离开关由检修转为运行。

开关站操作任务的填写，如××kV分段××断路器由运行转为热备用、核对××kV×母线运行方式、××kV分段××断路器由冷备用转为热备用，投入××kV分段××断路器自投装置、停用××kV分段××断路器自投装置，××kV分段××断路器由热备用转为冷备用。

配电变压器操作任务的填写，如××kV××线××配电变压器室（台架）×号配电变压器由运行转为检修、××kV××线××配电变压器室（台架）×号配电变压器由检修转为运行。

接地线操作任务的填写，如××kV××线××隔离开关与××支线×号杆间接地、拆除××kV××线××隔离开关与××支线×号杆间接地线、×号配电变压器××kV跌落式熔断器侧接地、拆除×号配电变压器××kV跌落式熔断器侧接地线。

11. 操作开始时间

填写监护人向操作人下达第一个正式操作指令时间（监护人填写）。年用 4 位阿拉伯数字表示，月、日用 2 位阿拉伯数字表示，时、分用 24h 制表示，不足 2 位的在前面添"0"补足；生成时间填写倒闸操作票的开票时间，年用 4 位阿拉伯数字表示，月、日用 2 位阿拉伯数字表示。

12. 操作结束时间

填写本倒闸操作票所列操作项目全部执行完并经校核无误后的时间（监护人填写）。年用 4 位阿拉伯数字表示，月、日用 2 位阿拉伯数字表示，时、分用 24h 制表示，不足 2 位的在前面添"0"补足；生成时间填写倒闸操作票的开票时间，年用 4 位阿拉伯数字表示，月、日用 2 位阿拉伯数字表示。

13. 操作项目

（1）应填入操作票的操作项目栏中的项目。

应拉开、合上的配电网中断路器、隔离开关、跌落式熔断器、配电变压器室二次侧开关（交流接触器或低压自动断路器）、刀开关。检查配电网中断路器、隔离开关、跌落式熔断器、配电变压器室二次侧开关（交流接触器或低压自动断路器）、交流接触器、刀开关的位置。操作前，应核对现场设备的名称、编号，即检查被操作设备的位置正确。

检修后的设备送电前，检查与该设备有关的断路器、隔离开关、跌落式熔断器确在拉开位置。检修后的设备送电前，检查送电范围内确无接地短路。

装设接地线前，应在停电设备上进行验电。装、拆接地线均应注明接地线的确切地点和编号。拆除接地线后，检查接地线确已拆除。

（2）可不填写操作票的项目。

事故处理应根据调度值班员的命令进行操作，可不填写操作票，但事后必须及时做好记录。

14. 人员签名

开票人：填写开票人姓名（一般由当班执行操作人开票）。审票人：由运行值班负责人审核合格签名。操作人：填写执行操作人员姓名。监护人：填写执行操作时监护人姓名。

15. 备注

填写操作中存在什么问题，或停止操作的原因，或重合闸未投或重合闸按调令要求不投等具体说明。如××线××隔离开关电源侧带电，负荷侧不带电，应在备注栏填写"××线××隔离开关电源侧带电，在负荷侧装设接地线时要注意与带电设备保持安全距离",××配电室××线××断路器柜内装设接地线操作,需在隔离开关动、静触头间装设绝缘隔板时,应在备注栏填写,"装设隔板后再进行接地操作;拆除接地线后再取下隔板"。

(四)配电网倒闸操作票范本

配电网倒闸操作票(范本)

No:

单位:

发令时间:	年 月 日 时 分			生成日期:	年 月 日
发令人:			受令人:		
任务票编号:					
工作票编号:					
操作来源:			操作次数:		
操作地点:					
操作任务:					
操作开始时间:					
操作结束时间:					

顺序	操作项目	
1		
2		
3		
4		
5		
6		
7		
8		

开票人:		操作人:	
审票人:		监护人:	

备注:

习 题

1. 简答:工作票填写要求有哪些?
2. 简答:配电带电作业工作票的适用范围有哪些?

第四节　现场作业指导书的编写

学习目标

1. 了解现场作业指导书的编写原则和使用要求
2. 掌握现场作业指导书的结构与内容
3. 掌握带电作业现场作业指导书的编写

知识点

配电线路带电现场作业标准化作业指导书是指配电带电作业按照全过程控制的要求，对作业计划、准备、实施、总结等各个环节，明确具体操作的方法、步骤、措施、标准和人员责任，依据工作流程组合成的执行文件。充分体现了配电带电作业全过程、全方位、全员的管理。各个作业环节层次分明、连接可靠，各作业内容细化、量化和标准化，保证整个作业过程处于"可控、能控、在控"状态，不出现偏差和错误，获得最佳效果。

一、现场作业指导书的编写原则和使用要求

（一）现场作业指导书编写原则

基层班组每次带电作业工作任务下达后，经过勘察，工作负责人根据勘察结果，在作业前参照规程和典型标准化作业指导书，结合现场实际，一次作业任务具体编制一份现场作业指导书。现场作业指导书注重策划和量化、细化、标准化没有涉及的操作内容，做到作业有程序、安全有措施、质量有标准、考核有依据。

现场作业指导书应结合现场实际，体现对现场作业的设备及人员行为的全过程管理和控制，进行危险点分析、制订相应的防范措施，在工作每个环节中落实。编制时应根据生产计划和现场装置实际情况，实行刚性管理，变更应严格履行审批手续。在作业分工时应体现分工明确、责任到人。

现场作业指导书宜由专业技术人员编写，必须逻辑性强、概念清楚、表达准确、文字简练、格式统一。由班组长（或班组技术员和安全员）审核，对编

写的正确性负责。最后由本项目带电工作票签发人批准。

（二）现场作业指导书使用要求

作业前应组织作业人员对现场作业指导书进行专题学习，使作业人员熟练掌握工作程序和安全措施。

现场作业应严格执行现场作业指导书，由工作负责人逐项打勾，并做好记录，不得漏项。工作负责人对现场作业指导书的正确执行全面负责。现场作业指导书在执行过程中，如发现不切合实际，与相关图纸及有关规定不符等情况，应立即停止工作。工作负责人根据现场实际情况及时修指导书，征得现场作业指导书批准人的同意并做好记录后，按修改后的指导书继续工作。

对于综合性施工，如大型旁路作业，应尽量分成多个工作面，各工作面由一个作业小组负责，每个小组分别使用与本工作相符的现场标准化作业卡。总负责人使用总的现场作业指导书统一组织、协调、指挥不同作业面之间的工作。

使用过的现场作业指导书，经专业技术人员审核后存档。作业有工作票的，应和工作票一同存档。存档时间为一年。

二、现场作业指导书的结构与内容

现场作业指导书由封面、适用范围、引用文件、作业前准备、作业程序和工艺标准、验收记录、作业指导书执行情况评估组成。

（一）封面

封面内容由作业名称、编号、编写人及时间、审核人及时间、批准人及时间、作业负责人、作业日期、编写部门组成。

（1）作业名称填写包含电压等级、线路名称、具体作业的杆塔号、作业内容。如"×××kV×××线××杆带电更换合成绝缘子作业指导书"。

（2）编号应具有唯一性和可追溯性，便于查找。可采用企业标准编号，Q/×××，位于封面的右上角。

（3）编写人及时间应由负责作业指导书人编写人在指导书编写人一栏内签名，并注明编写时间。

（4）审核人及时间应由负责作业指导书的审批人填写，对编写的正确性负责。在指导书审核人一栏内签名，并注明审核时间。

（5）批准人及时间由作业指导书执行的许可人在指导书批准人一栏内签名，并注明批准时间。

（6）作业负责人监督检查指导书的执行情况，对检修的安全、质量负责。

在作业指导书"作业负责人"一栏内签名。

（7）作业日期填写现场作业具体工作时间。此项内容说明了现场作业指导书是针对每次工作任务的，是有时效性的。

（8）编写部门填写作业指导书的具体编写部门。

（二）适用范围

对作业指导书的适用范围做出具体的规定。如"本作业指导书针对××kV××线××杆带电更换合成绝缘子工作编写而成，仅适用于该项工作。"

（三）引用文件

明确编写作业指导书所引用的法规、规程、标准、设备说明书及企业管理规定和文件（按标准格式列出）。

（四）作业前准备

每项工作作业前准备工作有作业人员的准备和工器具的准备。

根据勘察结果，考虑作业中的技术难点、重点以及对危险点进行充分的预想、分析和预控，编制切实可用的危险点分析和安全措施。

（1）准备工作安排内容：明确作业项目、确定作业人员并组织学习作业指导书；确定准备检修所需物品的时间和要求。

（2）人员要求内容：规定工作人员的精神状态；规定工作人员的资格，包括作业技能、安全资质和特殊工种资质。

（3）作业人员分工内容：明确作业人员所承担的具体任务与职责。

（4）工器具及材料内容：专用工具、一般工器具、仪器仪表、电源设施、装置性材料、消耗性材料等名称、型号规格、单位数量。

（5）危险点分析及控制措施主要内容：防范类型、危险点、控制措施等内容。

针对危险点防范类型进行分类，如防触电类、防高空落物类、防意外打击类等。

根据作业内容和现场线路区域的特点进行危险点分析，如交叉跨越、邻近平行、带电、高空等可能给作业人员带来的危险因素；工作中使用的起重设备（吊车、人工或电动绞磨）、工具等可能给工作人员带来的危害或设备异常；操作方法的失误等可能给工作人员带来的危害或设备异常；其他可能给作业人员带来危害或造成设备异常的不安全因素。

针对危险点分析编写相应的安全控制措施，如架空地线上工作，必须挂接地线；交叉跨越、相邻带电部位所采取的措施；作业地点装设接地线的程序和要求使用各类工器具的措施，工器具在承力前后，必须检查各部件及挂点受力情况，如软梯、吊车、绞磨、电动工具等。

高空作业时的措施，如使用双保险安全带；作业转位时不得失去安全带的保护，并挂在主材上；防止高空落物伤及地面作业人员等措施。

根据勘察结果，考虑作业中的技术难点、重点以及对危险点进行充分的预想、分析和预控，编制切实可用的危险点分析和安全措施。

（五）作业程序和工艺标准

作业程序内容包括开工准备、作业过程、竣工等。为了使危险点控制措施落到实处，在每个步骤中必须根据危险点分析，并写好控制措施及注意事项。

（1）开工准备包括现场再次勘察、安全措施的落实、工作许可、站班会、现场布置、工器具检查等项目的内容。

（2）作业过程及标准包括作业过程中每个步骤的内容、危险点控制及要求。作业步骤不宜太细，太细不利于现场指挥和监护；太粗则不能体现本次工作中的特殊要求，不利于现场作业危险点控制；应着重体现本次作业的重点和难点。

（3）工作结束内容包括规定工作结束后的作业内容、步骤和要求、危险点控制措施、安全注意事项。

（4）消缺记录内容包括记录检修过程中所消除的缺陷。

（六）验收记录

验收记录内容包括记录检修结果，对检修质量做出整体评价；记录存在问题及处理意见。

（七）指导书执行情况评估

指导书执行情况评估内容包括对指导书的符合性、可操作性进行评价；对不可操作项、修改项、遗漏项、存在问题做出统计；提出整改意见。

（八）填写说明

（1）"作业记录"：如正常则填写"√"、异常则填写"〇"、无需执行则填写"×"；

（2）对"风险评估"和"控制措施"栏目中对存在风险填写"√"，不存在风险则填写"×"；

（3）"作业标准"栏目中对实际采用的施工方法写"√"，不采用的则填写"×"；

（4）异常时必须填写"备注"，对异常情况进行详细描述；

（5）在作业过程中，发现本作业指导书不能有效控制该项作业的风险，经本作业班组全体成员讨论，建议需要增减新的控制措施，在"新增风险及其控制措施"中对具体情况进行描述；

（6）作业总结：由工作负责人总结存在的问题及改进方法。包括：执行结果是否正常、异常情况的处理意见、作业指导书修订意见。

三、示例：编写绝缘杆作业法断直线分支引线作业指导书

本标准化作业指导书的编写，依据《国家电网公司现场标准》中的规定与格式而进行的。一般由封面、使用范围，引用文件、作业前准备、作业程序及工艺标准（包括危险点和控制措施）、消缺记录、验收记录、作业指导书情况评估和附录组成。具体编写时可根据实际情况与需要可作适当的删减与合并。

以下为绝缘工具间接作业法使用并沟线夹装拆杆断跌落式熔断器上桩头引线的标准化作业指导书的示例。

（一）封面

编号：_____

10kV××线路××杆断分支引线

现场作业指导书

批准：_____　____年___月___日

审核：_____　____年___月___日

编写：_____　____年___月___日

作业负责人：

作业时间：___年__月__日__时__分至___年__月__日__时__分

××供电公司×××

（二）内文

1. 适用范围

本作业指导书适用于××供电公司 10kV××线××杆采用间接法断跌落式熔断器（断开状态）分支引线用。

2. 引用文件

下列文件中的条款通过本作业书的引用而成为本作业指导书的条款。

GB/T 2900.55—2002　电工术语　带电作业

GB/T 1428—2008　带电作业工器具设备术语

GB/T 18557—2019　配电线路带电作业技术导则

GB 50061—2010　66kV 及以下架空线路设计规范

国家电网公司现场标准化作业指导书编制导则

电力安全工作规程（线路部分）

3. 作业前准备

（1）准备工作安排。

√	序号	内容	标准	责任人	备注
	1	明确作业内容，合理进行任务分配，并组织学习作业指导书	作业人员必须认真听取工作任务布置，对作业任务及存在的危险点做到心中有数，明确人员分工；认真学习工作票内容，对作业任务及存在的危险点做到心中有数，作业前认证学习作业指导书并签名		
	2	确定作业所需要材料和工器具及相关技术要求，并按要求准备	所有工器具准备齐全，满足作业项目需要；所有带电作业工器具应满足如下周期： 电气试验：预防性试验每年一次，检查性试验每年一次。 机械试验：绝缘工器具每年一次，金属工具两年一次		

（2）人员要求。

√	序号	内容	责任人	备注
	1	作业人员必须掌握《电力安全工作规程（线路部分）》相关知识，并经年度考试合格；高空作业人员必须具备从事高空作业的身体素质；所有工作人员必须精神状态良好		
	2	所有作业人员必须取得带电作业资格证并审验合格		

（3）作业分工。

√	序号	工作岗位	人数	职责	备注
	1	工作负责（监护人）	1	负责本次工作任务的人员分工、工作前的现场查勘、作业方案的制订、工作票的填写、办理工作许可手续、召开工作班前会、正确安全地组织工作、负责作业过程中的安全监督、工作中突发情况的处理、工作质量的监督、工作后的总结	
	2	杆上电工（1号）	1	负责杆上主要工作：绝缘措施，断引线	
	3	杆上电工（2号）	1	杆上辅助作业，配合1号电工断引线，杆上传递工器具	
	4	地面电工	1	负责地面辅助工作，传递工器具	

（4）工器具及材料。

√	序号	名称		型号/规格	单位	数量	备注
	1	绝缘防护用具	绝缘安全帽		顶	4	
	2		绝缘手套（外套羊皮手套）		副	2	
	3	绝缘遮蔽、隔离用具	导线绝缘遮蔽罩		只	若干	
	4	绝缘工具	绝缘传递绳		根	1	
	5		绝缘锁杆		副	1	
	6		并沟线夹装拆杆		副	1	
	7		并沟线夹夹持工具		副	1	
	8		遮蔽罩安装杆		副	1	
	9	防潮布			块	1	
	10	脚扣			副	2	
	11	安全带			副	2	
	12	绝缘电阻表或绝缘检测仪		2500V 及以上	只	1	
	13	安全遮拦、安全围绳、标识牌			副	若干	
	14	干燥清洁布			块	1	

（5）危险点分析及控制措施。

√	序号	防范类型	危险点	控制措施	备注
	1	防触电类	人身触电	带电作业人员对带电体的最小电气安全距离，以及绝缘绳索的有效绝缘长度不得小于 0.4m，绝缘操作杆的有效绝缘长度不得小于 0.7m	
	2		气象条件不符合《电力安全工作规程（线路部分）要求，引起绝缘工器具表面泄漏电流增大	遇到天气突然变化，工作负责人应立即命令杆上作业人员停止工作，并恢复线路装置状态	
	3		绝缘工器具不合格，作业时绝缘工器具表面泄漏电流增大；在接引线时，由于跌落式熔断器绝缘损坏，泄漏电流过大或导致相对地短路	（1）出库时检查试验标签应在试验周期内。 （2）现场作业前对绝缘工器具进行表面检查和绝缘电阻检测。 （3）作业时必须戴绝缘手套，而且绝缘手套仅作辅助绝缘。 （4）在接引线工作前应确认跌落式熔断器绝缘完好，上下接线板间应大于或等于 300MΩ，上下接线板与安装板之间大于或等于 300MΩ	

√	序号	防范类型	危险点	控制措施	备注
	4		带负荷断、接引线电弧灼伤工作人员	到达现场，首先确认支线开关如跌落式熔断器已断开，熔管已取下	
	5	防触电类	作业时，安全距离不足引起触电	（1）作业时，作业工具最小有效绝缘长度大于或等于 0.7m。 （2）人身与带电作业体的安全距离不得小于 0.4m，不能满足以上距离事，应采用绝缘遮蔽、隔离措施。 （3）为避免引起相间短路和相对地短路，先拆两边相引线，再拆中相引线。 （4）在断中间引线时为避免引线脱落同时碰触边相导线和电杆或横担，从而导致相对地短路，应先在边相导线上设置导线绝缘遮蔽罩。 （5）线路停电仍然当作有电处理	
	6		过电压	禁止在有雷电活动（听见雷声、看见闪电）时进行作业，在以电缆为主的城市 10kV 配电网络的架空线路上进行作业，作业前应联系调度停用线路重合闸	
	7	防高空落物类	登高工具有损害，或超出试验周期	登杆前，检查脚扣（登高板）和安全带并做冲击试验	
	8		登杆、作业时不按要求使用安全工具	杆上作业人员登杆过程中应全程使用安全带	
	9	防意外打击类	倒杆	登杆前，检查拉线和杆根	
	10		高空落物	上下传递工器具吊绳应捆绑牢固；拆线时，动作幅度小，避免线夹、螺杆等掉落，正确穿戴安全帽，现场围好围栏并做好警示标志	

4. 作业程序和工艺标准

（1）开工准备。

√	序号	作业内容	步骤及要求	危险点控制措施、安全注意事项
	1	工作负责人现场复勘	工作负责人核对工作线路双重名称、杆号	
			工作负责人检查环境是否符合作业要求	

续表

√	序号	作业内容	步骤及要求	危险点控制措施、安全注意事项
	1	工作负责人现场复勘	工作负责人检查线路装置是否具备带电作业条件	（1）电杆杆根、埋深符合登杆要求。 （2）应确认跌落式熔断器处于拉开状态，熔管已取下。 （3）确认主干线扎线绑扎牢固
			工作负责人检查气象条件	（1）天气应晴好，五雷、雨、雪、雾。 （2）气温：-5~35℃。 （3）风力：小于5级。 （4）空气相对湿度小于80%
			检查工作票所列安全措施，必要时在工作票上补充安全技术措施	
	2	工作负责人执行工作许可制度	工作负责人与值班调控人员或运维人员联系，获得值班调控人员或运维人员工作许可，确认线路重合闸已停用	
	3	工作负责人召开现场站班会	工作负责人宣读工作票	
			工作负责人检查工作班组成员精神状态、交代工作任务进行分工、交代工作中的安全事项和措施	工作班成员应佩戴袖标
			工作负责人检查班组各成员对工作任务分工、工作中的安全和措施是否明确	
			班组各成员在工作票和作业卡上签名确认	
	4	布置工作现场	工作现场设置安全护栏、作业标志和相关警示标志	
	5	工作负责人组织班组成员检查工器具	班组成员按要求将绝缘工器具摆放在防潮布上	（1）防潮布应清洁、干燥。 （2）绝缘工器具不能与金属工具、材料混放

（2）作业过程。

√	序号	作业内容	步骤及要求	危险点控制措施、安全注意事项
	1	杆上1、2号作业人员登杆	杆上1、2号作业人员携带绝缘吊绳及工具袋登杆至合适位置	（1）应在距离地面不高于0.5m的高度开始登杆。 （2）杆上作业人员应交错登杆。 （3）杆上作业人员应注意保持与带电体间有足够的作业安全距离

续表

√	序号	作业内容	步骤及要求	危险点控制措施、安全注意事项
	2	拆除两边相跌落式熔断器上引线	杆上作业人员相互配合拆除两边相跌落式熔断器上引线的异型并沟线夹。方法如下：用绝缘锁杆夹紧引线；用套筒操作杆拆下异型并沟线夹；将引线牵引至跌落式熔断器下方并固定	（1）上下传递工器具应使用绝缘吊绳。（2）杆上作业人员应戴绝缘手套，注意动作幅度，应与带电体保持足够的安全距离（0.4m及以上），绝缘杆有效绝缘长度应大于0.7m。（3）引流线拆除过程中应防止触碰带电体
	3	设置绝缘遮蔽、隔离措施	杆上1号作业人员在2号作业人员的配合下，用导线罩、绝缘子罩对中相引线两侧主导线进行绝缘遮蔽	（1）上下传递工器具应使用绝缘吊绳。（2）杆上1号作业人员设置绝缘遮蔽措施时应戴绝缘手套；与带电体保持足够的距离（大于0.4m），遮蔽罩安装杆的有效绝缘长度应大于0.7m。（3）绝缘遮蔽应严实、牢固，导线遮蔽罩间重叠部分应大于15cm。（4）防止高空落物
	4	拆除中相跌落式熔断器上引线	杆上作业人员相互配合拆除中相跌落式熔断器上引线的并沟线夹	（1）杆上1号作业人员在试搭时，应戴绝缘手套；与带电体保持足够的距离（大于0.4m），遮蔽罩安装杆的有效绝缘长度应大于0.7m。（2）注意两边相引线应向装置外部垂放，避免中间相引线搭接后，取边相引线时安全距离不够
				（1）上下传递工器具应使用绝缘吊绳。（2）杆上1号作业人员设置绝缘遮蔽措施时应戴绝缘手套；与带电体保持足够的距离（大于0.4m），遮蔽罩安装杆的有效绝缘长度应大于0.7m。（3）引流线拆除过程中应防止触碰带电体
	5	撤除绝缘遮蔽措施	杆上1号作业人员用遮蔽罩安装杆撤除导线上的导线遮蔽罩	（1）上下传递工器具应使用绝缘吊绳。（2）杆上1号作业人员撤除绝缘遮蔽措施时应戴绝缘手套；与带电体保持足够的距离（大于0.4m），遮蔽罩安装杆的有效绝缘长度应大于0.7m。（3）防止高空落物
	6	撤离杆塔	杆上作业人员确认杆上无遗留物，逐次下杆	防止高空落跌落

（3）工作结束。

序号	作业内容	步骤及要求	危险点控制措施、安全注意事项
1	工作负责人组织班组成员清理工具和现场	整理工具、材料，将工器具清洁后放入专用的箱（袋）中，清理现场	
2	工作负责人办理工作终结	向值班调控人员或运维人员汇报工作结束，并终结工作票	
3	工作负责人召开收工会		
4	作业人员撤离现场		

（4）消缺记录。

序号	内容	负责人签字
1		
2		

（5）验收记录。

记录检修中发现的问题	
存在问题及处理意见	

（6）作业指导书执行情况评估。

评估内容	符合性	优		可操作项	
		良		不可操作项	
	可操作性	优		修改项	
		良		遗漏项	
存在问题					
改进意见					

四、示例：绝缘手套作业法断、接直线分支引线作业指导书

本标准化作业指导书的编写，依据《国家电网公司现场标准》中的规定与格式而进行的。一般由封面、使用范围，引用文件、作业前准备、作业程序及

工艺标准（包括危险点和控制措施）、消缺记录、验收记录、作业指导书情况评估和附录组成。具体编写时可根据实际情况与需要可做适当的删减与合并。

以下为绝缘手套作业法断、接引线的标准化作业指导书的示例。

（一）封面

编号： _____

10kV××线路××杆带电断、接分支引线
现场作业指导书

批准： _____ ____年__月__日

审核： _____ ____年__月__日

编写： _____ ____年__月__日

作业负责人：

作业时间：___年__月__日__时__分至___年__月__日__时__分

××供电公司×××

（二）内文

1. 适用范围

本作业指导书适用于××供电公司 10kV××线××杆采用绝缘手套作业法断、接支引线用。

2. 引用文件

下列文件中的条款通过本作业书的引用而成为本作业指导书的条款。

GB/T 2900.55—2002　电工术语　带电作业

GB/T 1428—2008　带电作业工器具设备术语

GB/T 13035—2008　带电作业绝缘绳索

GB 50061—2010　66kV 及以下架空线路设计规范

GB 12168—2006　带电作业绝缘遮蔽罩

GB 13398—2008　带电作业用空心管、泡沫填充绝缘管和实心绝缘棒

GB 17622—2008　带电作业用绝缘手套

GB/T 18557—2019　配电线路带电作业技术导则

GB 18037—2008　带电工器具基本技术要求和设计导则

GB 50061—2010　66kV 及以下架空线路设计规范

DL/T 778—2001　带电作业用绝缘袖套

DL/T 779—2001　　带电作业用绝缘绳索类工具

DL/T 803—2002　　带电作业用绝缘毯

DL/T 854—2004　　带电作业用绝缘斗臂车的保养维护及使用中的试验

DL/T 880—2001　　带电作业用导线软质遮蔽罩

国家电网公司现场标准化作业指导书编制导则

电力安全工作规程（线路部分）

3. 作业前准备

（1）准备工作安排。

序号	内容	标准	责任人	备注
1	明确作业内容，合理进行任务分配，并组织学习作业指导书	作业人员必须认真听取工作任务布置，对作业任务及存在的危险点做到心中有数，明确人员分工；认真学习工作票内容，对作业任务及存在的危险点做到心中有数，作业前认证学习作业指导书并签名		
2	确定作业所需要材料和工器具及相关技术要求，并按要求准备	所有工器具准备齐全，满足作业项目需要；所有带电作业工器具应满足如下周期： 电气试验：预防性试验每年一次，检查性试验每年一次。 机械试验：绝缘工器具每年一次，金属工具两年一次		

（2）人员要求。

序号	内容	责任人	备注
1	作业人员必须掌握《电力安全工作规程（线路部分）》相关知识，并经年度考试合格；高空作业人员必须具备从事高空作业的身体素质；所有工作人员必须精神状态良好		
2	所有作业人员必须取得带电作业资格证并审验合格		

（3）作业分工。

序号	工作岗位	人数	职责	备注
1	工作负责人（监护人）	1	负责本次工作任务的人员分工、工作前的现场查勘、作业方案的制订、工作票的填写、办理工作许可手续、召开工作班前会、正确安全地组织工作、负责作业过程中的安全监督、工作中突发情况的处理、工作质量的监督、工作后的总结	
2	斗内电工	2	负责操作斗臂车、拆、搭引线	
3	地面电工	1	负责下部操作台，传递工器具、材料	

（4）工器具及材料。

序号	名称		型号/规格	单位	数量	备注
1	绝缘工具	绝缘绳		条	若干	
2		绝缘操作杆		根	若干	安装鹰爪钳等，视工作需要
3		绝缘斗臂车		辆	1	
4		绝缘遮蔽工具		块	若干	绝缘毯、绝缘挡板、绝缘导线罩等，视工作需要
5	防护用具	安全防护用具		套	2	绝缘袖套、绝缘服、绝缘靴、绝缘手套等
6	其他工具	钳形电流表	mA 级	只	1	测量导线电流，判定支线后段无负载，视工作需要
7		绝缘电阻表	2500V	只	1	检查绝缘：测量相间、对地绝缘，判定支线后段无相间短路、接地
8		防潮布		块	1	
9		压机		台	1	电动液压机，视工作需要
10		破皮器		把	1	剥离绝缘导线绝缘层，视工作需要
11		剪刀		把	1	绝缘断线剪或棘轮剪刀，视工作需要
12		钢丝刷		把	1	清除导线氧化层，视工作需要
13	所需材料	跳线线夹		副	3	连接引线
14		自黏带		圈	若干	恢复导线绝缘，视工作需要

（5）危险点分析及控制措施。

序号	防范类型	危险点	控制措施	备注
1	防触电类	人身触电	作业过程中，不论线路是否停电，都应始终认为线路有电	
2			带电作业需要停用重合闸，应向调控人员申请并履行工作许可手续	
3			保持对地最小距离为 0.4m，对邻相导线的最小距离为 0.6m，绝缘绳索类工具有效绝缘长度不小于 0.4m，绝缘操作杆有效绝缘长度不小于 0.7m	
4			必须在天气良好条件下进行	
5		感应电触电	引线未全部断开时，已断开的导线应视为有电，严禁在无措施下直接触及	

续表

序号	防范类型	危险点	控制措施	备注
6			设专职监护人	
7	防高处坠落类	不规范使用登高工具	作业前，绝缘斗臂车应进行空斗操作，确认液压传动、升降、伸缩、回转系统工作正常及操作灵活，制动装置可靠	
8			安全带应系在牢固的构件上，扣牢扣环	
9			斗内电工应系好安全带，戴好安全帽	

4. 作业程序和工艺标准

（1）开工准备。

序号	作业内容	作业步骤及标准	作业人员签字
1	办理工作票、履行工作许可手续	按工作票制度要求进行	
2	宣读工作票、安全注意事项及任务分工	按开工会要求进行	
3	工器具检测	按《电力安全工作规程（线路部分）》要求进行	
4	线路名称、杆塔基础及作业环境检查	按《电力安全工作规程（线路部分）》要求进行	
5	安全防护用具冲击试验检查	冲击三次	
6	开工申请	按要求进行	

（2）作业内容及标准。

序号	作业内容	作业步骤及标准	安全措施注意事项	作业人员签字
1	工作准备	选择合适位置停放绝缘斗臂车，接地；斗内电工正确穿戴安全防护用具，进入绝缘斗，系好安全带		
2	确定作业点后段无负载	检查作业点后段无负载，人员现场确认或仪表测定	确认线路的终端开关断路器（开关）或隔离开关（刀闸）已断开，接入线路侧的变压器、电压互感器确已退出运行	
3	做绝缘隔离措施	斗内电工操作绝缘斗臂车进入工作位置，视情况对导线、电杆、横担等做绝缘隔离措施；由近至远、由下往上、由带电体到接地体	绝缘臂有效绝缘长度大于1.0m，保持对地最小距离为0.4m，对领相导线的最小距离为0.6m，绝缘绳索类工具有效绝缘长度不小于0.4m，绝缘操作杆有效绝缘长度不小于0.7m	

续表

序号	作业内容	作业步骤及标准	安全措施注意事项	作业人员签字
4	逐相拆除支线搭头	斗内电工解开一相引线连接，迅速脱离，拆开的引线线头固定牢靠，严禁接地；一相作业完毕，按前重复操作，拆开其余两相搭头	拆除过程中必须保证拆引线与主线不脱开，脱开时动作迅速，防止人体串入电路。禁止同时接触未接通的或已断开的导线两个断头，以防人体串入电路	
5	检修工作	支线搭头拆毕，进行相关检修工作	检修人员与带电部位保持最小0.7m的安全距离	
6	确定作业点后段无相间短路、接地	检查作业点后段无相间短路、接地		
7	逐相搭上支线搭头	斗内电工解开一相线头，恢复支线连接；一相作业完毕，按前重复操作，拆开其余两相搭头	动作迅速，防止人体串入电路。禁止同时接触未接通的或已断开的导线两个断头，以防人体串入电路	
8	拆绝缘隔离措施	拆除绝缘隔离措施	由远至近、由上往下、由接地体到带电体	
9	撤离现场	工作负责人检查后，召开现场收工会，人员、工器具撤离现场		

（3）工作结束。

序号	内容	负责人员签字
1	清理现场及工具，检查杆（塔）上有无遗留物，工作负责人全面检查工作完成情况，无误后撤离现场，做到人走场清	
2	办理工作终结手续	

（4）消缺记录。

序号	内容	负责人签字
1		
2		

5. 验收总结

序号	作业总结	
1	验收评价	
2	存在问题及处理意见	

6. 指导书执行评价情况

评估内容	符合性	优		可操作项	
		良		不可操作项	
	可操作性	优		修改项	
		良		遗漏项	
存在问题	无				
改进意见	无				

习 题

1. 结合当地导线排列、金具形式，编写一份带电更换耐张中相绝缘子的现场作业指导书。

2. 简述现场作业指导书编写的原则。

3. 列举绝缘杆作业法接跌落式熔断器上桩头引线作业使用的绝缘工具。

第五章

生产班组日常管理

学习目标

了解配电网不停电作业人员管理、资料管理、作业工器具与装备管理、生产流程等方面内容

知识点

一、人员管理

配电网不停电作业是一项技术性较强、操作安全水平要求较高的特殊工种，必须加强作业人员的培训、考核与管理。

（一）作业人员的上岗培训

配电网不停电作业人员必须身体健康，无妨碍作业的生理和心理障碍，优先选择从事配电线路工作三年以上的优秀技工。新进人员首先应参加专业培训机构的培训和取证，学习与不停电作业相关的基础知识，进行模拟设备实际操作训练，经考试合格并获得培训机构颁发的配电带电专业资格证书；然后所在单位要开展上岗培训和模拟演练，指派作业经验丰富的技术人员或技工逐条讲解作业安全规定和作业现场操作规程等，学习常用绝缘工具的构造、规格、性能、用途、使用范围和操作方法，经所在单位的模拟设备和现场运行设备的实际操作合格，并由所在单位书面批准后，方可从事批准项目的配电网不停电作业工作。

（二）作业人员的日常培训

作业部门（班组）应编制作业人员的年度培训计划，按年度培训计划进行专门培训，同时注重日常培训学习，每月应有不少于 8 个学时的路训，内容包括作业基本知识和规章制度、实际操作练习、技术问答和讲解、复杂项目作业前的技术交底以及事故实例演习等。

工作负责人（包括工作监护人）是现场作业操作的组织者，责任重大，因此除一般作业培训外，还需针对工作负责人进行专门培训。培训内容包括工作负责人的组织能力、处理作业中意外情况的应变能力等，以不断提高理论水平和实际工作能力。

（三）作业人员的考核与管理

作业人员的考核（包括安全规程和基本知识的考试）每年不少于一次。考试成绩应登记存档，考试成绩不合格者，应再补考。对离开工作岗位三个月以上的作业人员，应重新进行上岗培训和考试，并履行批准手续，方可重新上岗。作业人员还应保持相对稳定，人员变动应征得单位主管部门的同意。

配电网不停电作业是技术性较强的专业，为了稳定作业队伍，确保其正常开展并不断发展，应建立相应的激励机制，实行工效挂钩办法，充分调动作业人员的积极性。

（四）实训基地

开展配电网不停电作业的单位，应建立不停电作业实训基地，配备模拟线路、设备与场地，定期分批进行培训和轮训，同时也作为新作业项目开发的模拟演练基地。此外，还可利用该基地开展岗位技能演练和竞赛，提高作业人员的技能水平，培养高层次的技能人才。配电网不停电作业岗位资格培训单位应取得上级部门或国家认定机构批准，并按照最低配置要求拥有操作场地、培训师资和作业工器具。

二、资料管理

要确保配电网不停电作业资料的完整性和安全性，把工程的资料管理工作落实到位，让管理工作发挥作用，给电力行业奠定坚实基础。为此，针对资料要采取科学、合理的管理，才能确保不停电作业的整体质量。

（一）重视工程资料的有效管理

在工程建设时，要充分认识到资料管理工作开展的重要性。资料管理工需要相关人员积极参与工作，全面了解和掌握资料管理情况。作业项目与工程项目建设密切联系，工程建设资料会随着项目建设的不断推进而逐渐增加，为了能够确保工程资料的完整性，管理人员必须要对各个部门人员的职责进行明确分工，确保资料收集与工程进度同期进行。

（二）构建网络体系

资料管理工作作为基础性工作，不仅能够保证工程顺利进行，还在推动企业发展方面发挥重要作用。为进一步加强工程竣工文件的管理，确保工程在竣工后能够完整地将相关竣工文件进行移交和验收，需严格要求各个环节人员按照具体的文件规定履行职责。特别是施工过程中形成的文件，在加强作业票管理的基础上，实时跟踪，相关工作人员需在各个环节，如档案资料收集、整理、归档等进行全面监督和指导。

（三）建立健全工程资料管理相关机制

工程资料编制是一个纷繁复杂的过程，是工程质量、施工质量的信息依据，为保障竣工资料质量，各层次部门应建立健全资料管理制度和机制，明确资料员职责；根据项目特点构建起不同层次资料管理者的管理权限，形成科学、规范的资料管理流程；完善资料管理者晋升机制，以激发其工作积极性；形成资料收集、汇总等工作的标准制度。

三、作业工器具与装备管理

配电网不停电作业工器具，特别是绝缘工器具的性能优劣是作业人员性命攸关的大事。因此对配电网不停电作业工器具应实行从采购、保管、使用至报废的全过程管理，采取有效措施进行保护，确保作业工器具保持完好的待用状态，杜绝使用不良或报废的作业工器具。

（一）配电网不停电作业工器具的保管及保养

配电网不停电作业工器具应由专门的库房存放，由专人保管，并经常予以检查；库房应符合《带电作业用工具库房》（DL/T 974—2018）要求，库房内应保持恒定的温度和相对湿度，并配有专用除湿设备。

配电网不停电作业工器具必须建立台账，每件工器具应有永久性编号，放置位置应相对固定；做到账、卡、物三相符。

配电网不停电作业工器具使用应有出入库登记，工器具使用后入库时，应认真检查其状态是否良好，发现损坏或损伤应要求使用部门书面提供损坏的原因及经过，并及时做好维修保养和电气机械试验记录。试验合格后方能继续使用。

配电网不停电作业工器具的包装、运输应根据外形特征、材质强度准备有相应的专用袋（箱），进行包装处理。硬质绝缘品应保证其在运输过程中表面不受碰撞和外力冲撞，软质绝缘品要求袋装封闭，防止受潮，金属卡具（含丝杆）应袋装，防止运输颠簸产生零部件松脱、丢失。

已淘汰的不合格工器具应分库存放，并配以醒目标识禁用。

配电网不停电作业工器具的领（借）用必须填写《配电网不停电作业工器具领（借）用记录》，领（借）用人员应认真核对工器具编号、试验标签和有效期，领（借）用人员应按配电网不停电作业工器具维护保养要求正确使用、保养。

工器具保管员应对入库工器具进行外观检查，如有疑问须进行有关机械、电气试验方能入库，同时领（借）用人员应详细汇报使用过程中出现的不适用情况，保管员应做好详细记录并向上级汇报，提出处理建议，经修复且试验认定是否继续使用，经修复且试验合格方能入库。

（二）配电网不停电作业工器具库房及其管理

配电网不停电作业工器具应存放于通风良好、清洁干燥的专用工具房内，进行集中管理，其保管及存放必须满足国家和行业标准及产品说明书要求。库房四周及屋顶应装有烘干设备，以保持室内干燥，库房内应装有通风装置及除尘装置，以保持空气新鲜且无灰尘。此外库房内还应配备专门的绝缘工器具烘干设备。

此外，配电网不停电作业工器具库房还应保持恒温的效果，以防止绝缘工器具在冷热突变的环境下结露，使工器具受潮。库房内存放各类工器具要实行定置管理，有固定位置，绝缘工具应有序地摆放或悬挂在离地的高低层支架上（可按工器具用途或电压等级排序，且应标有名签），以利通风；金属工器具应整齐地放置在专用的工具柜内（按工器具用途分类或按电压等级排序，并应标有名签）。

每间库房内应安装至少两个以上温度传感器和两个以上湿度传感器，库房内空气相对湿度不大于 60%；硬质绝缘工具、软质绝缘工具、检测工具、屏蔽用具的存放区，温度宜控制在 5~40℃；绝缘遮蔽用具、绝缘防护用具的存放区的温度宜控制在 10~21℃；金属工具的存放不做温度要求。

四、配电网不停电作业生产管理流程介绍

（一）组织管理

配电网不停电作业对作业人员技术水平、技术装备的要求都较高，因此必须成立专业的部门和队伍，同时建立企业总工程师（分管领导）、生产技术部门专业工程师、作业部门（班组）专业工程师的专业技术工作体系，编制并督促执行有关的作业规章制度，组织编制作业现场操作规程，编写或审核复杂作业项目的施工方法和安全措施，组织作业人员的培训和作业经验交流，组织新作业项目、新工具研制和技术鉴定，推广新作业工具、新技术，组织并参加事故调查分析，制订反事故措施，做好专业总结等工作。按照分级管理、分工负责的原则，各级各岗的基本职责如下：

1. 企业总工程师（分管领导）

（1）确定作业的组织机构及岗位设置。

（2）审批作业规程、新作业项目和新工具的推广。

（3）审批作业工作计划，对重大作业项目进行审核、批准。

（4）审批作业车辆及设备、工器具、防护用品的购置计划。

（5）协调相关部门和单位的配合工作。

2. 生产技术部门专业工程师

（1）制订年度作业工作框架计划，并对计划进行监督、检查、组织实施。

（2）做好作业技术管理工作，建立各种技术档案和资料，定期编制和统计作业的各种报表，及时上报有关部门。

（3）组织修编作业项目现场操作规程，并督促、检查执行情况，审查新项目操作规程，研究、探讨作业的新技术、新方法，确定现有项目的技术革新方案。

（4）参加制定特殊作业项目的技术措施、组织措施、安全措施，组织起草总结分析报告。

（5）组织修编作业发展规划，收集汇总国内外作业发展的信息资料；研究新作业项目计划方案和可行性研究报告；组织推广应用新技术、新工具，组织作业革新成果的鉴定。

（6）配合安全监察部门进行作业事故调查并制订反事故措施。

（7）配合组织作业人员的技术培训、考核、作业项目鉴定以及作业人员的

资格确认。

3. 作业部门（班组）专业工程师

（1）起草修编、制定作业操作规程和特殊作业项目的技术措施、组织措施、安全措施并报批。

（2）组织作业人员学习操作规程，对作业人员进行有计划的现场培训，大力开展技术革新，不断研制各种新作业工具。

（3）负责新作业技术、新工艺和新工具的引进推广工作，负责新作业项目、新工具的申报鉴定。

（4）负责作业的现场技术管理，整理各种原始记录、工器具台账，做好技术总结，积累有关资料，填报各种技术记录和统计报告。

（5）提出作业车辆及设备、作业工器具、防护用品的购置计划。

（二）安全管理

配电网不停电作业安全管理的相关人员包括工作票签发人、工作许可人、工作负责人、工作监护人和工作班成员，这些相关人员每年必须由企业安全监察部门组织相关安全作业规程的考试，确认安全资格并予以书面公布。因故离开作业班组或中断作业工作三个月以上者，必须重新进行相关安全作业规程考试，合格后方可参加作业。配电网不停电作业必须高度重视现场作业安全，一个作业项目的作业方法和安全技术措施一经确定，工作负责人要对整个工作的安全全面负责，工作人员必须服从指挥。工作负责人（监护人）应由有作业实践经验的人员担任，经部门领导确定，安全监察部门考试合格并书面公布。

（三）内部流程

委托人将准备齐全的申请资料提交至公司生产部门，生产部门审核作业项目（含安排现场勘查）；经营财务人员按照生产部门审核的作业项目定额收费、登记造册后返回生产部门；生产部门组织作业班组召开方案制订会，完成方案制订后纳入工作计划，分配给作业班组；作业班组长分派至工作负责人，工作负责人按照工作计划开具工作票，执行现场作业；作业完成后，工作负责人将工作票交班长终结；班长填写委托单施工情况，与工作票一起交资料员完成归档、登记；资料员将委托单交经营财务人员登记、造册。

（四）PMS3.0不停电作业管理模块应用

PMS3.0不停电作业管理模块遵循PMS3.0顶层设计及总体架构，以电网资源业务中台为支撑，围绕需求管理、作业管理、专业管理三个方面，贯通安监等专业管理系统，充分发挥 i 国网移动应用优势，打造具有"三全四化"特征的配电网不停电作业样板间，实现作业要素全资源汇集、作业流程全线上管控、作业成效全景化展示，提升不停电作业数字化、智能化、可视化、精益化水平，实现班组赋能减负、专业规范安全、管理提质增效。

流程全线上流转：4 大类作业需求源头接入，形成设计勘察、作业勘察、计划编制、工单执行、评价归档 5 大阶段闭环，与工程、检修、抢修反馈闭环，作业阶段实现作业指导卡、工作票集成。

作业资源合理配置：人员证书、人员作业履历与成长管理，车辆上装、试验、轨迹管理，工器具包管理，智能推荐资源与作业关联，资质告警。

智能推荐辅助决策：智能编制计划、实时告警、研判现场环境、确定作业类型、成本成效的预估与计算等功能。

全息指标清晰透明：作业过程视频监控与智能分析、四种角色个性化的工作台和概览首页、地图看板、综合查询，以及全息运营统计分析。

1. 主要流程管理

PMS3.0 不停电作业全流程管理主要包括需求前期、需求、计划、工单、评价共五个阶段，见图 5−1；其中需求前期和需求分别有源头接入，计划、工单、评价为不停电作业内部流程。

需求前期：工程设计联合勘察，即工程设计人员与不停电作业人员的联合勘察。《勘察单》包含工程设计、不停电作业等栏目，各自填写勘察结果，实时互相可见，保留痕迹。

需求源头接入：通过打通检修任务管理接口，实现检修任务、抢修任务源头接入，获取作业需求。

不停电作业内部流程：作业需求受理—作业勘察分配—作业勘察—计划编制—工单分配—作业准备（工作票填写）—作业执行—评价归档。

2. 流程介绍

（1）需求前期。不停电作业专责在 Web 端图 5−2 所示界面通过点击导航栏设计勘察受理【待受理】按钮，查询设计勘察需求任务；选择相应需求任务；点击【分配】按钮，并选择勘察班组和班长，将勘察任务分配给相应角色，见图 5−3。

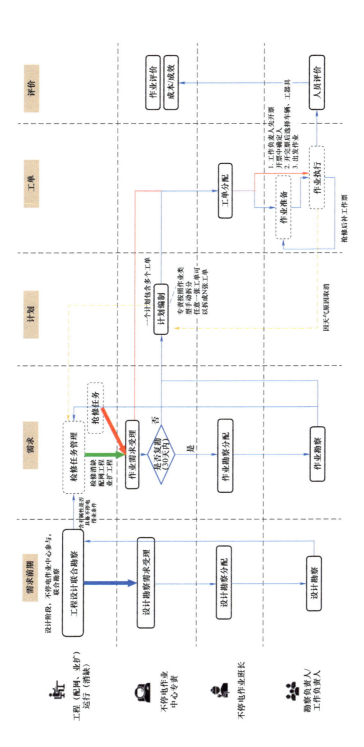

图 5-1　流程管理概图

图 5-2　设计勘察受理界面

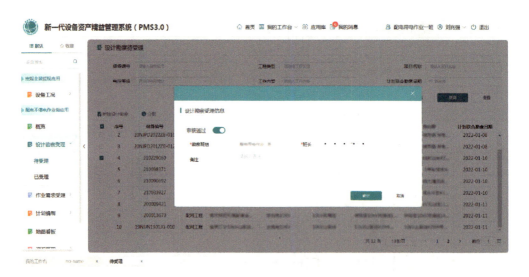

图 5-3　勘察任务分配

1）设计勘察分配。不停电作业班长在 App 端点击导航栏设计勘察分配【待分配】按钮，查询待分配的列表信息；点击【设计勘察分配】按钮，选择勘察负责人；点击【完成分配】按钮，数据流转到设计勘察待勘察页面，见图 5-4。

2）设计勘察。不停电工作负责人在 App 端，点击【设计勘察】按钮，展示设计勘察分配流转过来的工程信息；符合作业条件的信息，点击作业信息，完成勘察信息填写，完成后进行提交；不具备条件的信息，手动点击【具备不停电作业条件】后切换按钮，切换为不具备不停电作业，进行原因说明，见图 5-5。

图5-4　选择勘察负责人界面　　　　图5-5　设计勘察任务确认界面

（2）作业需求受理。不停电作业专责在 Web 端点击导航栏作业需求受理【待受理】，展示待受理的需求列表信息；选择一条检修/抢修需求单，点击【分配】按钮，弹出作业需求受理信息，可以选择是否审核通过；选择通过可以继续选择勘察班组填写班长和备注，点击【确定】后数据流转至作业勘察分配，并在作业需求受理已受理中增加该记录（选择不通过，填写必填项原因，点击【确定】后，在作业需求受理已受理中增加该记录），见图5-6。

图5-6　作业需求受理选择界面

不停电作业班长在 App 端点击导航栏【作业勘察分配】展示待分配的勘察单列表；点击【作业勘察分配】按钮，选择勘察负责人，见图 5-7。

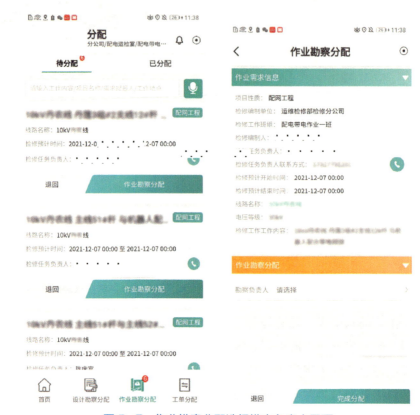

图 5-7　作业勘察分配选择勘察负责人界面

勘察负责人在 App 端点击导航栏【作业勘察】展示待勘察的勘察单列表；点击【作业勘察】按钮，展示由作业需求受理提供的需求信息和需要填写的作业信息；具备不停电作业条件的按照要求输入相应信息后提交（不具备不停电作业条件的填写原因）；提交后数据流转到计划编制的【需求池】，见图 5-8。

（3）计划编制（Web 端）。不停电作业专责在 Web 端点击导航栏【计划编制】→【需求池】，展示每条未编制的勘察单及对应的多条作业信息；勾选需要编制的作业信息，点击【生成新计划】按钮，完成计划时间编写，见图 5-9；点击【添加工单】按钮，从需求池中选择一条或多条作业信息，点击【确定】，选择作业时间，再次点击【确定】，所选作业信息被编入当日计划中，并可以在当日计划中选择班组；点击【发布计划】按钮，点击【确认】后发布计划，计划中的工单被分配到各个班组的班长账号中，见图 5-10。

图 5-8 勘察负责人根据勘察情况填报界面

图 5-9 计划时间编制

图 5-10　计划工单编制

（4）工单分配。不停电作业班长在 App 端点击导航栏【工单分配】展示待分配的工单列表；在页面下方选择工作负责人；点击【完成分配】按钮，数据流转到作业准备页面，见图 5-11。

图 5-11　工单分配界面

1）作业准备。不停电工作负责人在 App 端点击导航栏我的工单【作业准备】，查询待开始的列表信息；点击【准备完成】按钮后，数据流转到我的工单的【作业执行】，并在我的工单【作业执行】中增加一条记录，见图 5-12。

图 5-12 作业准备界面

2）作业执行。不停电工作负责人在 App 端点击【作业执行】按钮，页面上方展示工单分配流转过来的工单信息，完成相关信息填写；实施现场作业；作业完成后，点击【作业完成】按钮后，弹出人员评价页面，点击【确定】，数据流转到我的工单的【已完成】，见图 5-13。

（5）作业评价（App 端）。不停电工作负责人 App 端点击导航栏我的工单，完成作业相关信息评价，见图 5-14。

3. 资源管理

PMS3.0 资源管理界面共分为人员管理、车辆管理等内容，其中人员管理模块可实现作业人员单位、证书等信息的归档，并实现作业证书临期预警，见图 5-15。

图 5-13　作业执行界面　　　图 5-14　作业评价界面

图 5-15　作业资源管理界面

　　车辆管理模块实现车辆基本信息、车辆上装信息、车辆试验信息、车辆状态信息等内容的管理，具备车辆临期未检报警功能，见图 5-16。

4. 统计查询

（1）综合查询。不停电作业省公司、不停电作业地市公司、不停电作业专责、不停电作业班长、不停电工作负责人在 Web 端点击导航栏首页【统计查询】，综合查询的列表信息；点击列表数据，可查看工单详情信息，接收作业需求、作业需求受理、工单分配、作业准备、作业执行、人员评价。

图 5-16　车辆管理模块界面

（2）作业统计。不停电作业省公司、不停电作业地市公司、不停电作业专责、不停电作业班长、不停电工作负责人点击导航栏首页【统计查询】，根据需求不同可实现作业分类统计、种类统计、项目性质统计等不同功能，见图 5-17。

图 5-17　作业数据统计界面

5. 全息管理

不停电作业班长在 App 端点击导航栏首页【实时管控】，查询实时管控的列表信息页面展示今日作业统计，作业准备、作业执行、作业已完成、作业已取消，人员动态、今日工作（重点、所有），见图 5-18。

图 5-18　不停电作业数据实时管控界面

（五）安全生产风险管控平台不停电作业应用

安全生产风险管控平台遵循"全面评估、分级管控"的工作原则，针对不停电作业的作业形式，严格按照"管住计划、管住队伍、管住人员、管住现场"的要求，进行日常的计划、抢修等作业。

1. 管住计划

作业计划管理主要包括"周计划、日计划"平台统一口径管理，对于录入平台不停电作业计划应包括作业类型、风险等级、工程来源等信息，见图 5-19。

图 5-19　不停电作业计划各项基础信息填报界面

2. 管住队伍

队伍管理主要实现作业队伍的管理，需明确项目管理单位、施工单位的性质，见图 5-20。

图 5-20 作业施工队伍信息填报界面

3. 管住人员

人员队伍管理主要实现作业人员的管理，包括施工承（分）包单位、外包两种人、外包一般作业人员双准入管理和全民三种人、全民一般作业人员的管理，见图 5-21。

图 5-21 作业施工队伍人员信息填报界面

4. 管住现场

作业现场管控主要实现工作负责人、工作许可人、到岗到位人员、安全督查人员等现场使用移动 App 完成流程化管控数据资源上传、远程查阅、提出问题和建议以及现场检查情况等反馈的管理，见图 5-22。

图 5-22 施工现场各项信息填报界面

习 题

1. 简答：配电网不停电作业人员的从业条件有哪些？
2. 简答：配电网不停电作业工器具的保管及保养要求有哪些？

第六章

作业项目实施案例

学习目标

掌握配电网不停电作业项目在实际生产中的应用，了解非典型的作业项目

知 识 点

一、普通消缺（带电清除导线异物）

配电网不停电作业因反应快、作业过程不停电等优势，正越来越深入地参与到配电网运维消缺中。相关作业单位可与配电网运维单位巡视工作紧密结合，并根据季节特色开展专项消缺活动，如春季鸟害及风筝挂线高发季节，开展架空线路鸟巢（风筝）清除及惊鸟器的带电安装工作；夏季负荷高设备及线夹发热多发季节，开展架空线路设备发热不停电处理工作。

以架空线路风筝挂线带电处理为例进行介绍。

1. 工程概况

××供电公司配电网运维人员巡视发现 10kV××线××号杆导线上飘挂有风筝等异物，需开展带电清除工作。

2. 施工方案

使用中间电位，通过绝缘手套作业法带电清除风筝等异物。

3. 现场施工

（1）工作负责人安排检查带电导线上异物缠挂及该处导线状况。

（2）绝缘斗臂车进入工作现场，定位于最佳工作位置并装好接地线，选定工作斗的升降方向，注意避开附近高、低压线及障碍物。

（3）斗内电工穿戴全套安全防护用具，系好安全带，携带遮蔽用具和作业工具进入工作斗，并分类放在工作斗中和工具袋中。

（4）起升工作斗，定位到便于作业的位置，按照由近至远、由下往上、由带电体到接地体的原则，对作业范围内的所有带电体和接地体进行绝缘遮蔽。

（5）斗内电工使用工具控制异物摆动方向。

（6）若为铁丝类硬质异物，应用绝缘剪（刀）将异物小心剪（切）断。

（7）若为丝绸类软质异物，应将下端卷起，再进行剪（切）断。

（8）若异物搭在电杆处，应及时将异物挑离地电位，再进行剪（切）断。

（9）剪（切）断导线异物后，摘除导线上的残留物。摘异物时要注意与下方带电体保持安全距离，防止发生二次搭挂。

（10）异物摘除后，检查该处导线有无受损。

（11）斗内电工全面检查作业质量及导线状况无误后，按照由远至近、由上往下、由接地体到带电体的原则拆除绝缘遮蔽，操作绝缘车返回地面。

（12）工作负责人全面检查工作完成情况无误后，组织清理现场及工具，通知值班调度员，工作结束。

二、拆、装装置及设备

单个设备的带电拆除与安装是配电网不停电作业开展的重要内容，也是第一类、第二类配网不停电作业的重要组成部分。通过单个设备的拆装，能够在线路不停电的情况下实现设备安装、拆除及故障的更换。

以跌落式熔断器的带电更换为例进行介绍。

1. 工程概况

××供电公司开展 10kV××线××号杆跌落式熔断器不停电更换工作。

2. 施工方案

使用中间电位，通过绝缘手套作业法带电更换跌落式熔断器。

3. 现场施工

（1）依次拉开柱上变压器低压隔离开关、高压侧跌落式熔断器（熔断器），断开所有负荷。摘下熔断器熔丝管。

（2）绝缘斗臂车进入工作现场，定位于最佳工作位置并装好接地线，选定工作斗的升降方向，注意避开附近高、低压线及障碍物。

（3）斗内电工穿戴全套安全防护用具，系好安全带，携带遮蔽用具和作业工具进入工作斗，并分类放在工作斗中和工具袋中。

（4）升起工作斗，定位到便于作业的位置，斗内电工分别将绝缘挡板安装在故障熔断器相间横担上，做好相间绝缘隔离。

（5）使用绝缘毯对熔断器上端及引线进行绝缘遮蔽，并用毯夹固定。然后作业范围内的接地体进行绝缘遮蔽。

（6）打开熔断器上端与上引线连接点处的绝缘遮蔽，拆除熔断器上引线，并可靠固定在本相的高压引下线上。

（7）使用引线遮蔽罩对高压引下线及针式绝缘子进行绝缘遮蔽。

（8）检查并确认作业点周围所有带电部分已有效遮蔽后，经工作负责人同意，斗内电工拆除熔断器下引线及损坏的熔断器，安装新的熔断器并接好下引线。

（9）检查作业范围内的接地体的绝缘遮蔽无误后，拆除高压引线遮蔽罩，将熔断器上引线接到新熔断器上端。

（10）检查设备正常后，由远至近依次撤除绝缘遮蔽。

（11）按照相同方法可进行其他相熔断器的更换工作。

（12）熔断器更换完毕，拆除绝缘挡板。

（13）斗内电工全面检查作业质量及构架上状况无误后，操作绝缘斗臂车返回地面。

（14）地面电工用绝缘操作杆安装三相高压熔丝管，确认设备正常，经工作负责人许可后，合闸送电。

（15）工作负责人全面检查工作完成情况无误后，组织清理现场及工具，通知值班调度员，工作结束。

三、配电网装置带电改造

配电网装置的带电改造主要包括带电立、撤杆，带负荷直线杆改耐张（终端）等第三类作业方式。这些作业方式的开展配合开关加装或者旁路电缆的敷设，可广泛应用于配电网线路接入点和耐张段的增加，进而优化线路结构，在线路迁改等工程当中实现停电范围的有效压缩。

以非典型的带负荷档内直线杆改耐张杆为例进行介绍。

1. 工程概况

××供电公司 10kV××线 22-4 号杆后的架空线路需要市政迁改，此杆以前小号侧均带有分支线路，不适合直线杆改为耐张杆作业。该线路二期也需整体迁改入地。故需在直线杆档内将直线改为耐张，为一期线路迁改入地做好前期准备，以此保证此耐张点小号侧架空线路和环网站所带用户不停或少停电，从而提高供电户时数。现场图与作业示意图如图 6-1 和图 6-2 所示。

图 6-1　10kV××线现场图

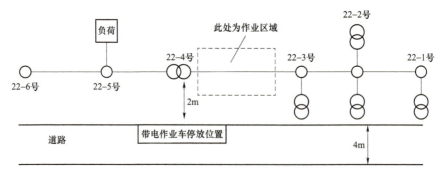

图 6-2　10kV××线作业示意图

2. 施工方案

为确保最小的停电范围以及停电时户数，在前期对线路进行勘查制定方案时，曾考虑过转供负荷或者不停电作业的方式来减小线路改造对供电可靠性的影响，但由于 10kV××线无有效联络电源，所有分支所带公用变压器均在大型老旧小区内，发电车及配电网不停电作业车无法进入，故只有采取分段改造来缩小停电范围。经调阅 10kV××线 22-4 号杆小号侧所带负荷发现，该分支共有公用变压器 14 台，专用变压器 4 台，在档内直线改耐张，缩小停电范围是完全可行的。

3. 现场施工

在停电施工前一天，先将 10kV××线 22-3 号至 22-4 号档内直线改为耐张（见图 6-3 和图 6-4），施工当日再将直线耐张内跳线断开，后侧迁改顺利完成。

图 6-3　档内直线改耐张作业现场

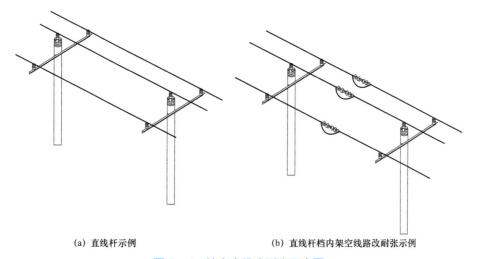

(a) 直线杆示例　　　　　　　　(b) 直线杆档内架空线路改耐张示例

图 6-4　档内直线改耐张示意图

四、转供及电源替代

配网转供能力也称为配网的负荷转移能力，是影响配网供电可靠性的重要因素。在线路检修或故障隔离过程当中，合理的利用配网转供，能够实现停电范围的最小化。现实生产当中受制于网架结构、停电管理等因素的影响，往往造成部分与停电检修、故障隔离无关的供电耐张区段、支线区段甚至同杆或临近架设的线路停电，发生停电范围扩大或者"陪停"现象。中、低压发电车，低压移动储能车和移动箱变车等新型装备的普及极大地丰富了配网旁路作业的内涵，并为配网线路转供能力提供了有效的后备补充。

本文将结合利用线路现有网架及融合了"中、低压发电车，低压移动储能车和移动箱变车等装备"的不停电作业案例开展分析，探索通过"转、旁、带、发"等多种途径相结合的不停电作业模式实现配网检修时，停电范围的最小化。

（一）调整运行方式转移负荷

1. 工程概况

××供电公司开展 10kV××线 59A6 号杆 7015 开关至 59A11 号杆换杆换线改造工程。10kV 线路末端无联络线，59A6 号杆 7015 开关至 59A11 号杆之间无用户，59A11 号电杆之后 21 个用户，总容量 4500kVA。作业示意图见图 6-5。

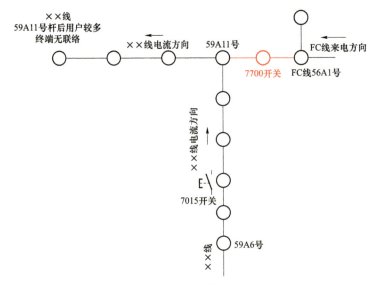

图 6-5　10kV××线作业示意图

2. 施工方案

采用先转供后配电网不停电作业的方式开展，通过新建联络将××线 59A11 号杆以下负荷转移至 FC 线。

（1）在××线 59A11 号杆至 FC 线 56A1 号杆之间新立电杆 1 基，安装柱上开关 1 台（7700 开关）。

（2）通过运方调整，将 10kV××线 7015 开关以下负荷调整至 10kV FC 线，原 10kV××线 59A6 号杆至 59A11 号杆变为 10kV FC 线线路支线,且该支线无负荷。

（3）拆断原 10kV××线 559A11 号杆支线搭头（10kV FC 线暂供）,对 10kV××线 7015 开关至 559A11 号杆之间进行换杆换线工作。

（4）恢复原运行方式。

3. 现场施工

（1）提前完成新立电杆的组立及 7700 开关的安装,并保持开关在断开状态。

（2）配电网不停电作业人员分别在××线 59A11 号杆、FC 线 56A1 号杆带电搭头。

（3）运行人员在 7700 开关两侧核相,核相无误后根据调度指令合上 7700 开关,运行人员根据调度指令拉开 10kV××线 59A6 号杆 7015 开关。

（4）配电网不停电作业人员拆断 10kV××线 59A6 号杆 7015 开关往 59A11 号方向引线。

（5）配电网不停电作业人员拆断原××线 59A11 号杆支接线路搭头（往 7015 开关方向）并配合施工单位落线,配电网不停电作业人员配合 10kV××线 59A6 号杆落线。

（6）停电完成原 10kV××线 59A6 号杆 7015 开关至 59A11 号杆换杆换线。

（7）带电完成原 10kV××线 59A6 号杆、59A11 号杆新放导线挂线搭头。

（8）运行人员在 7015 开关两侧核相,核相无误后根据调度指令合上 7015 开关,拉开 7700 开关,恢复原运行方式。

4. 作业总结

本案例在检修前面临线路中间区段施工,线路末端无联络的现状,传统停电检修必定产生停电范围的扩大,影响末端用户的正常供电。本案例先通过带电作业的方式为线路增加了与邻近线路的联络,丰富了线路的转供能力,有限地实现了停电范围的减小。

（二）电源替代转移负荷

电源替代转移负荷一般是指通过 10kV/400V 发电车、移动箱变车等装备的接入,为受停电作业影响的配电网线路或用户供电的一种施工方式。

1. 10kV 发电车同期并网转移负荷

（1）工程概况。××供电公司 10kV××线 16 号杆至 25 号杆之间线路迁改,16 号杆与 25 号杆均为耐张开关杆,25 号杆之后无联络开关。16 号至 25 号杆之间存在河道与房屋,旁路电缆敷设存在难度。

（2）施工方案。因 25 号杆之后无联络开关，无法考虑运方调整后转移负荷，由于 16 号杆至 25 号杆之间存在河道与房屋，旁路电缆敷设存在难度，无法考虑通过旁路电缆敷设进行负荷转移，故考虑采用 10kV 发电车进行电源替代。经实地勘察，25 号电杆后有 6 个用户，总容量 1890kVA，根据负荷曲线测算，长期实际负荷 650～750kVA，满足单台发电车的使用条件。作业示意图如图 6-6 所示。

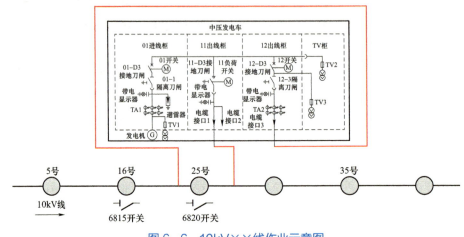

图 6-6　10kV××线作业示意图

（3）现场施工。现场作业过程分为五阶段。

第一阶段：作业准备阶段。

1）作业人员到达作业现场后使用钳形电流表测量线路负荷，确认满足发电车作业要求。三相负载基本平衡的待供区间负荷的测算可使用公式 $P = \sqrt{3}U_{线}I_{线}$ 进行估算。

2）发电车停放水平，支腿支撑，装设接地线。合上机组蓄电池，合上"系统上电"电锁，设置在手动状态，检查百叶窗处于打开位置。设置安全围栏。

3）根据发电车停放位置与待接入电杆之间的距离展放旁路电缆。注意沿电缆布放路径铺设防潮布，将电缆布放于防潮布上并按相色布放整齐，架空线接入点下方应预留引上电缆长度。

4）按照要求将旁路电缆与车辆进行连接，市电侧架空线通过旁路电缆接入发电车"电缆接口 3"，负荷侧架空线通过旁路电缆接入发电车"电缆接口 1"，接线时注意相色。连接完成后对整个旁路系统做耐压测试，测试后注意放电。

5）"通信接口 IMNT 进"接 120Ω 电阻（单机时使用），开启直流屏，检查开关柜状态（单机作业此步骤可忽略）。

6）检查发电车 01 进线柜、11 出线柜、12 出线柜的负荷开关、接地刀闸均处于断开状态，"远方/就地"把手处于"远方"位。

7）检查保护跳闸压板确已投入，保护合闸压板确已投入，欠压脱扣压板确已投入。

第二阶段：同期并网阶段。10kV××线 6820 开关后端负荷通过带电方式由电网供电转至 10kV 中压发电车供电。

1）使用绝缘斗臂车完成旁路电缆在 25 号杆挂接，市电侧接发电车"电缆 3 口"，负荷侧接发电车"电缆 2 口"，接线时注意相色。

2）对发电车 11 出线柜和 12 出线柜核相，确认同相位。合上 12-3 隔离开关。

3）合上"IM-NT 上电"电锁，设置手动状态，合上 12 出线柜 12 开关，合上 11 出线柜 11 开关（合环）（若 11 柜有负荷开关与隔离刀闸，需要先合隔离刀闸再合负荷开关）。11 出线柜和 12 出线柜完成组建旁路（可通过 IM 屏左侧键完成），如图 6-7 与图 6-8 所示。

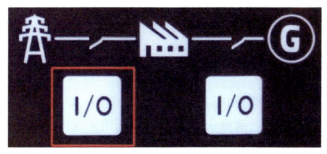

图 6-7　12 出线柜（即市电柜）12 负荷开关和分闸按钮

图 6-8　11 出线柜 11 开关合闸按钮（红色为分闸按钮）

说明：发电机组控制系统包含 IG－NT 和 IM－NT 两个控制模块，IG－NT 模块运用于单机（发电车停电接入发电）/并机（并机停电接入发电）/单机并网（带电接入发电）控制，IM－NT 运用于多机并网（并机带电接入发电）控制。通过控制系统可以启动/关闭发电机组，调整发电机组运行模式，并可以监控发电机组运行状态。

4）测量并确认旁路系统通流正常。

5）在发电车 IG 屏上启动发电机组，如图 6－9 所示，检查发电机组发电电压和频率等参数（电压 10.5kV，频率 50Hz，转速 1500r/min）。

图 6－9　发电机组启动开关

6）手动合上 01 进线柜 01－1 隔离刀闸，设置同期并网时基数负载（一般先为个位数），合上 01 进线柜 01 负荷开关检同期完成自动合闸（并网）（可通过 IG 屏左侧键），再次检查发电机组电压、频率等参数，并根据测量出的电流调节"基数负载"数值至现有负载，调节数值能满足线路总负载。如图 6－10 与图 6－11 所示。

图 6－10　01 进线柜（发电机进线柜）01 负荷开关和分闸按钮

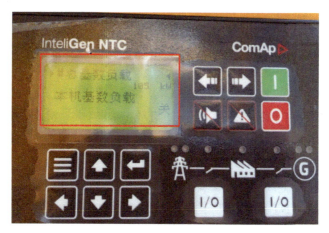

图 6-11 基数负载调整界面

7）分开 12 柜 12 负荷开关（可通过 IG 屏左侧键），手动拉开 12 柜 12-3 隔离刀闸，断开 11 柜 12 柜组成的旁路系统，由发电车单独为负荷侧供电。

第三阶段：停电检修阶段。现场作业图如图 6-12 所示。

1）运行人员拉开 16 号杆 6815 开关。

2）6815 开关至 6820 开关区间停电检修。

第四阶段：反向并网，发电车退出阶段。10kV××线 6820 开关后端负荷由 10kV 中压发电车供电转至电网供电。具体操作如下：

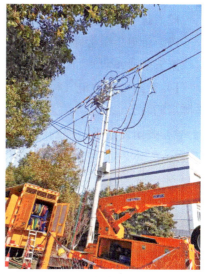

图 6-12 停电检修现场作业图

1）线路检修完成，检修段恢复供电。检查 12 出线柜，带电显示器三相指示灯应为频闪。采用低压相序表（最低电压 40V，用户自备），按相序插入带电显示器验电孔，应为正序。如为反序应通知配调处理（市电重新送电，可能因检修段作业不当造成相序反向）。

2）合上 12 出线柜 12-3 隔离刀闸，检查 12-3 隔离刀闸处于合闸位置。

3）合上 12 出线柜 12 开关，检查 12 开关处于合闸位置（并网）。

说明：电源车控制器具备自动同期功能。当 12 进线柜 12 开关触发合闸开关信号时，控制器会以 PT3 采集的市电电参数为基准，调整发电机组电参数（电压、频率、相位角）。当控制器检测发电机组电参数与市电电参数相符时（完成同期），控制器准许 12 开关合闸。

4）运行人员根据调度指令合上 6820 开关。

5）通过于"IG-NT 控制器"模块调整"基数负载"kW 值为"0"。

6）电源车自动柔性减载至设置的"基数负载"kW 值。

7）于"IG-NT 控制器"上拉开 01 进线柜 01 开关，检查 01 开关处于断开位置（电源车解列）。

8）手动拉开 01 进线柜 01-1 刀闸，检查 01-1 刀闸处于断开位置。

9）于"IG-NT 控制器"上操作发动机组停机。

10）于"IM-NT 控制器"上拉开 12 出线柜 12 开关，检查 12 开关处于断开位置。

11）手动拉开 12 出线柜 12-3 刀闸，检查 12-3 刀闸处于断开位置。

12）拉开 11 出线柜 11 负荷开关，检查 11 负荷开关处于断开位置。

13）带电拆除旁路电缆与架空线路连接。

第五阶段：收工阶段。

1）旁路电缆放电（可使用中压柜接地刀闸对旁路电缆放电），断开与车辆连接后回收。

2）关闭发动机组控制器，关闭直流屏，关闭机组蓄电电池。

3）车辆支腿、接地回收，工作完成。收工阶段现场作业图如图 6-13 所示。

图 6-13　收工阶段现场作业图

（4）作业总结。10kV 发电作业是配电网不停电新作业技术，可根据需要选择单机、并机、孤岛、并网等多种模式或者多种组合模式开展工作。作业原理涵盖发电、配电、自动化、配网不停电作业等专业，同时现场作业又为多工种配合作业，需要作业人员掌握一定的理论知识，并制定详细的作业方案。

本案例作业当中发电车的应用应当注意以下事项：

1）第一次并网时应设置较低的并网功率，避免极端情况下并网电源对市电系统冲击。

2）由并网转负载输出过程当中"基数负载"负载的设置应当根据作业前对待供负载大小的评估情况进行设置，建议设置为通过评估负载上浮 5%～10%，且设置值不大于发电机组的最大功率。

3）第一次并网时，柱上开关的分闸与发电机组的并网步骤可调换，但为确保作业的可靠性建议在发电机组并网成功后再拉开柱上开关。

4）停电检修完成，发电机组解列过程当中，柱上开关的合闸和发电机组的退出步骤可调换，但为确保作业的可靠性建议在柱上开关合闸后再退出发电机组。

5）发电车显示的电气参数（如电流信息）可能存在不准确现象，建议另外使用钳形电流表进行复核。

6）因作业条件限制，因车辆停放位置距离作业点过远时，应充分考虑旁路电缆容性电流对带电接入的影响，建议在旁路电缆中间加装旁路开关。

7）利用多车进行同期并网发电作业时，当车辆组成的电源系统与配网市电系统容量比逐渐接近时，应充分考虑车辆组成电源系统的保护与配网市电系统保护的配合，避免极端情况发生。

2. 10kV 移动箱变车取电

（1）工程概况。××供电公司 10kV××线环网站因事故需要更换，所带的箱式变压器容量 500kVA，170 多户居民，停电面积较大，而此箱式变压器位于居民建筑物封闭区域，无外部电源，环网站更换时间太长。

（2）施工方案。为确保最小的停电范围，经现场勘查，因箱式变压器无高压备用开关，决定使用 500kVA 移动箱变车从路边的 10kV××线 12 号杆取电，经展放完成的 0.4kV 低压柔性电缆先期向箱变低压总开关供电，以满足附近居民的用电需求，为下一步环网站更换提供有力的时间支撑。移动箱变车作业示意图见图 6-14。

（3）现场施工。

1）准备工作。施工当日，检查箱变车具备运行条件，试验合格，箱变车与箱式变压器符合低压并联条件：① 变压器变比相等；② 连接组别相同；③ 阻抗电压误差不大于 10%；④ 移动箱变容量不低于待检修变压器容量，且容量比不超 3:1。

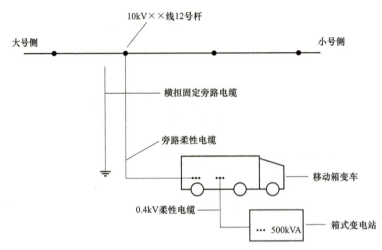

图 6-14 移动箱变车作业示意图

2）现场作业。

a. 移动箱变车停放水平，车体与箱式变压器接地，检查箱变车高低压开关均在分段位置，敷设高低压柔性电缆完毕。

b. 不停电作业人员将低压柔性电缆出线与待更换箱式变压器低压总开关出线侧有一备用开关连接，高压侧柔性电缆与 10kV××线 12 号杆架空导线有效连接。

c. 倒闸操作人员分别合上箱变车高压进线 G01 号开关，02 号至变压器高压开关。

d. 检查移动箱变低压侧三相电压指示正常，依次合上移动箱变低压总开关，合上箱变出线开关，在箱变车低压分路开关处核相；核相正确后，合上箱变车低压分路开关（部分车辆具备同期合闸功能，可之间进行检同期作业）。

e. 检查箱式变压器车与箱式变压器并列运行正常后，拉开箱式变压器低压总开关，拉开箱式变压器高压开关，检测低压三相输出电流正常。

f. 停电检修环网室。

g. 环网室投运送电，新箱式变压器低压侧与高压侧先后送电并核相，核相无误后合上箱式变压器低压总开关（移动箱变与新箱式变压器并列运行），并检查新箱式变压器运行正常，低压通流正常。

h. 依次拉开移动箱变车低压分路开关，低压总开关及高压进线开关将移动箱变停运。

i. 拆除高、低压柔性电缆，充分放电后回收。

j. 检查工作现场，召开收工会。

（4）作业总结。该作业应用了变压器并列运行的原理，实现了靠运方调整等措施无法转供的低压用户的负荷转移，在作业过程当中应当注意以下事项：

1）变压器的并列运行必须满足一定的要求，并非所有的变压器均能并列运行。

2）不带同期合闸功能的移动箱变车与旁路电缆组成的旁路系统搭建完成后，必须在低压侧进行核相，核相正确后方能合闸并列运行。

3）移动箱变车变压器中性点接地应当与并联变压器分开设置。

严禁使用隔离开关和跌开熔断器进行变压器的并列或解列操作。

3. 0.4kV 低压储能车转移负荷

随着配电网管理向"最后一公里"延伸，近年来 0.4kV 低压不停电作业项目已经在部分可靠性要求比较高的城市实施开展。随着《低压交流配电网不停电作业技术导则》（Q/GDW 12218—2022）的发布，未来 0.4kV 低压不停电作业将成为配电网不停电作业的重要组成部分。

与 10kV 配电网不停电作业项目相比，0.4kV 低压不停电作业内容广泛，除架空线路作业内容与 10kV 配电网不停电作业内容相当外，还包含 0.4kV 低压配电柜带电加装智能配电终端、0.4kV 临时电源供电等内容。

以 0.4kV 临时电源供电（低压储能车）为例，对 0.4kV 低压不停电作业进行介绍。

（1）工程概况。××供电公司使用 400V 移动储能车开展不停电更换 10kV××线 315kVA××变压器低压配电柜作业。台区容量 315kVA，两回低压出线 60 余户，作业时负荷约 80kW。

传统的更换低压配电柜作业方式，需要对该台区涉及的 60 多个用户停电后进行施工。此次使用低压储能车作业，在用户不停电的情况下，将变压器的两路出线接入低压储能车，在低压配电柜从电网中退出时，由低压储能车快速切换为负荷提供电源支撑，实现用户用电正常。

（2）施工方案。先使用 400V 低压储能车接入低压台区架空线路，并与低压线路同期合闸并网，然后将台区变压器停电，更换待检修低压柜，低压柜检修完成后反向并网，确认负载运行正常后，退出低压储能车。低压储能车接线图如图 6-15 所示。

（3）现场作业过程。与 10kV 发电车并网作业类似，400V 低压储能车并网作业也分为 5 个阶段。

第一阶段：作业准备阶段。

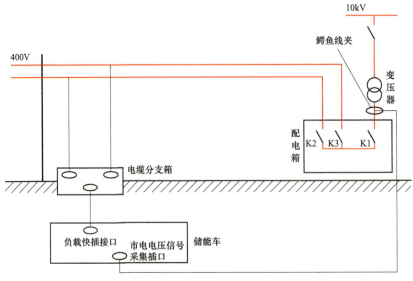

图 6-15　低压储能车接线图

1）低压储能车、绝缘斗臂车到达现场合适位置就位并接地，进行隔离围挡处理。

2）对施工器械进行检查；观察气象条件满足施工条件；核对施工配电变压器名称；测量配电变压器负荷、负载率符合施工条件；作业流程宣贯。

3）地面工作人员施放柔性作业电缆，其中低压储能车出线电缆连接至电缆分支箱，电缆分支箱输出接低压上杆电缆；斗内作业人员在线杆附近合适位置安装柔性电缆支架，将电缆在支架上固定，如图 6-16 所示。

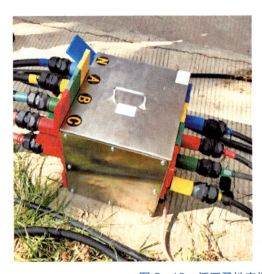

图 6-16　低压柔性电缆展放图

第二阶段：正向并网阶段。

1）配电网不停电作业人员将电缆与线路逐相搭接，先零线，后相线，并对搭接位置使用绝缘毯进行遮蔽。

2）地面作业人员合电缆分支箱输出开关；使用储能车校验相序，相序正确，合储能车并网开关，并操作储能车开机，如图 6-17 和图 6-18 所示。

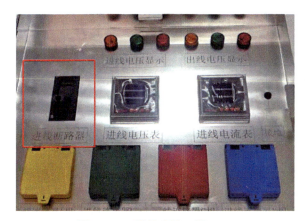

图 6-17　储能车接口图

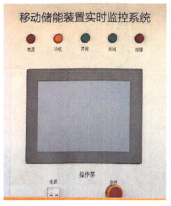

图 6-18　储能车实时监控系统

3）配电变压器低压柜退出运行。地面作业人员拉开第一回出线开关，第一回负荷通过旁路电缆供电；再拉开第二回出线开关，储能车"零闪动"转离网持续为负荷供电（如有第三回出线，则在第三回出线开关拉开时，储能电源车切换离网运行）。如图 6-19 所示。

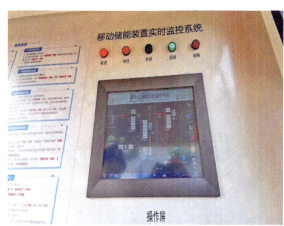

图 6-19　实时监控系统现场操作图

4）配电变压器退出运行。地面作业人员拉开配电变压器低压侧出线开关，再使用绝缘操作杆拉开配电变压器高压侧跌落式熔断器。如图 6－20 和图 6－21 所示。

图 6－20　配电变压器低压开关　　　　图 6－21　配电变压器高压跌落式熔断器

5）拆除配电柜低压出线：斗内作业人员逐相拆除低压配电柜上杆出线电缆，先相线，后零线，并对拆下电缆头进行绝缘覆盖，如图 6－22 所示。

图 6－22　低压配电柜上杆出线电缆

第三阶段：停电检修阶段。

配电柜更换：地面作业人员对原配电柜进行拆除，并更换新配电柜，如图 6－23 所示。

图6-23 新低压配电柜

第四阶段：反向并网阶段。

1）配电网不停电作业人员逐相搭接配电柜上杆出线电缆，先零线，后相线，搭接完成拆除绝缘遮蔽撤离。

2）地面作业人员依次拉合陪伴高压侧跌落式熔断器、配电变压器低压侧出线开关。

3）储能电源车带负荷无缝同期并网：地面作业人员使用同期电压采样电缆，一头接入电源车，一头接入配电变压器低压侧（相序需正确）；地面作业人员给储能电源车下发"同期"指令，待储能车发出"同期跟随，允许合闸！"信号后，1min内合配电变压器低压柜出线开关，储能车即带负荷完成同期并网，如图6-24所示。

图6-24 移动储能车同期过程图

4）储能电源车充电。完成同期并网，地面作业人员操作储能电源车并网大功率充电，即作业过程放出多少电量，则此时充回同等电量，解决台区可能出现的"负线损"问题，根据配电变压器实际情况，可全功率充电，储能电源车放空情况下最长充电时间不超过2h，如图6-25所示。

图6-25　移动储能车充电过程

第五阶段：收工阶段。

充电完成，低压储能车停机退出，分开储能车并网开关，分电缆分支箱输出开关。

（4）工作总结。

1）带电拆除低压引线时，应先相线后零线，搭接过程相反。

2）反向并网时，地面作业人员在使用同期电压采样电缆接入配电变压器低压侧时，应注意与带电体保持足够安全距离。

3）反向并网时，储能电源车发出"同期跟随，允许合闸！"信号后，应及时合上配电变压器低压柜出线开关，防止因低压负载波动造成并网电气变化，无法并网。

五、带电作业机器人作业

带电作业机器人指的是利用机械手臂结合末端工具来实现在带电线路或设备上进行不停电检修、测试的一种机器设备，其对电网稳定运行，确保稳定供电具有极其重要的意义。带电作业机器人是由传感器技术、图像处理技术、结构设计、特种材料、计算机控制等多领域技术交叉的综合系统，主要由执行机构、绝缘机构、传感系统、动力系统、控制系统等组成。目前带电作业机器人可开展的作业类型有带电安装接地环、带电安装驱鸟器、带电安装故障指示器、带电安装绝缘罩、带电断接引流线、带电更换避雷器、带电更换绝缘子等。

本文以带电接引流线为例，进行介绍。

1. 工程概况

××供电公司因客户用电业务申请，需要对用户线路中 10kV 熔断器上引线与架空线路主线进行连接。

2. 施工方案

使用带电作业机器人作业，通过绝缘杆法带电接引流线。

3. 现场施工

（1）接线场景要求。

1）顺接场景见图 6−26。

a. 主线、支线周围 2m 范围内，不应有树木遮挡，否则会影响机器人 3D 激光建模。

b. 如果使用并沟线夹，支线末端应剥开 12～13cm；如果使用 J 线夹型，支线末端应剥开 9cm。

c. 支线在未受力的情况下应尽量直，连接跌落式熔断器宜向斜上方伸出，且末端必须直，不应存在弯曲。

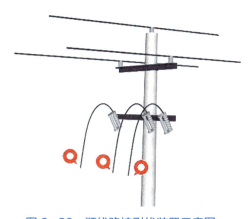

图 6−26　顺线路接引线装置示意图

2）垂直场景。以主线三角排列，支线垂直主线的单回线路，主线和支线采用 1.5m 主流横担为例，如图 6−27 所示。

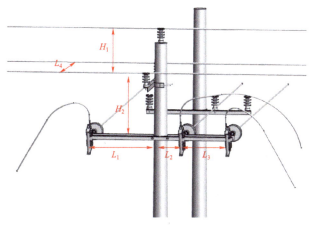

图 6−27　垂直线路接引线装置示意图

注：参数说明见表 6−1。

表6-1　　　　　　　　　　　参　数　说　明

距离	说明	规格
H_1	三角排列主线，中相和边相距离	$0 < H_1 < 100\text{cm}$
H_2	边相和支线横担垂直距离	$120\text{cm} \geqslant H_2 \geqslant 70\text{cm}$
L_1	远相瓷瓶距离线杆距离	$L_1 = 70\text{cm}$
L_2	中相支线距离线杆距离	$L_2 \geqslant 30\text{cm}$
L_3	近相支线距离线杆距离	$L_3 \geqslant 40\text{cm}$
L_4	主线远相和近相距离	$L_4 = 150\text{cm}$

在支线垂直主线场景的作业中，请注意以下几点：

a. 中相的引线搭在近相引线上，方便作业时抓取中相支线，见图6-28。

图6-28　中相的引线搭在近相引线上示意图

b. 引线尽量与主线朝向一致。中相和近相引线的朝向要和远相引线朝向相反，引线末端应保持笔直，如图6-29所示。

（2）登录终端界面。

步骤1　打开控制终端平板，点击 进入带电作业机器人控制系统。

步骤2　选择用户名，输入密码，点击登录。系统跳转到作业数据录入界面，见图6-30。

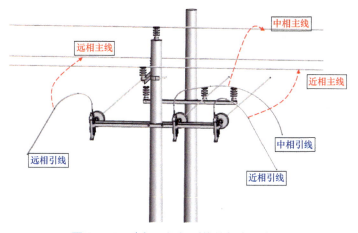

图6-29 中相和近相引线的朝向示意图

图6-30 带电作业机器人控制系统登录界面

步骤3 根据实际情况填写正确的作业信息，点击"下一步"，见图6-31。

图6-31 作业信息录入界面

（3）选择作业场景。

步骤 1　选择工作类别为"接线"，点击"下一步"。系统跳转到场景选择界面，见图 6-32。

图 6-32　工作类别选择界面

步骤 2　选择作业场景参数，点击"确认"按钮，见图 6-33。

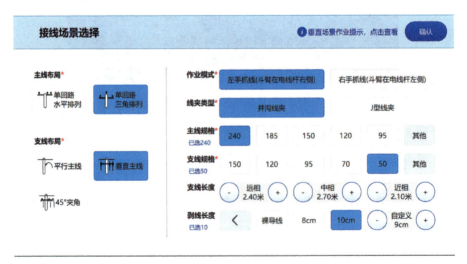

图 6-33　作业场景参数选择界面

步骤 3　根据界面提示，检查工具摆放是否正确，单击"下一步"。

步骤 4　系统自动检查预设的检查项。等待大约 5s 左右，系统显示自检结果，见图 6-34。

图6-34　系统自检完成显示界面

步骤5　点击"下一步",跳转到停车点标定界面。

（4）停车点标定。

步骤1　作业人员勘察作业环境,将绝缘斗臂车停在合适的作业位置。

步骤2　检查机器人斗臂是否处于界面提示的位置上。

步骤3　确认位置正确后,点击"标定",系统记录斗臂车原点信息。

（5）位姿建模。

步骤1　检查机械臂初始位置。如果手臂处于装箱位置时,先点击"手臂回工具",再点击"手臂回建模位",使双臂回到机器人两侧,见图6-35。

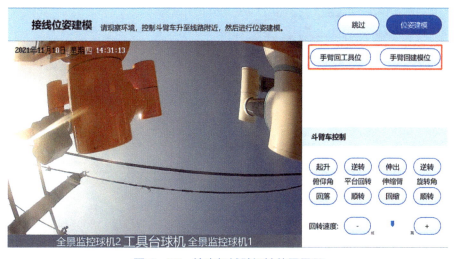

图6-35　检查机械臂初始位置界面

步骤2 将机器人上升至可以位姿建模的位置，点击"位姿建模"，见图6-36。

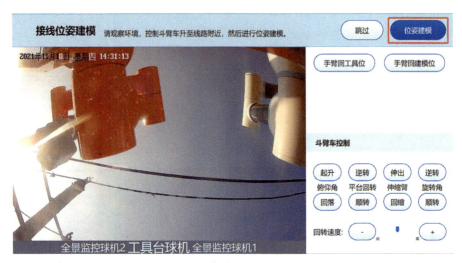

图6-36 位姿建模选择界面

系统完成三相位姿建模后，出现点云模型和"选点"按钮，见图6-37。

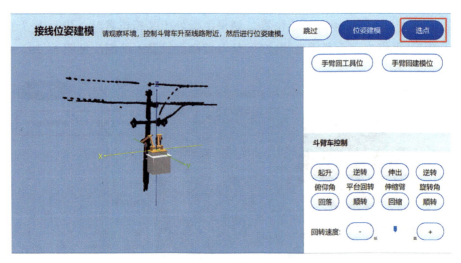

图6-37 "选点"按钮确认界面

步骤3 点击"选点"。系统跳转到位姿建模选点界面，显示自动选点结果，见图6-38。

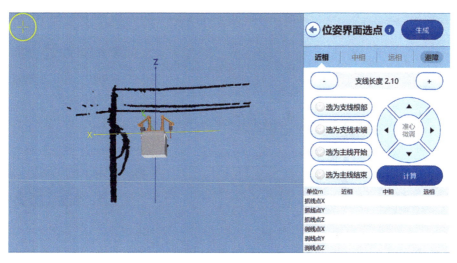

图6-38　位姿建模选点生成确认界面

步骤4　判断每一相线路中系统选的四个作业点是否正确，见图6-39。

1）选点正确，则点击"计算"，获取作业点位数据。

2）选点不正确，则取消线路的选点，在点云模型上重新手动选点，再点击"计算"，获取作业点位数据。

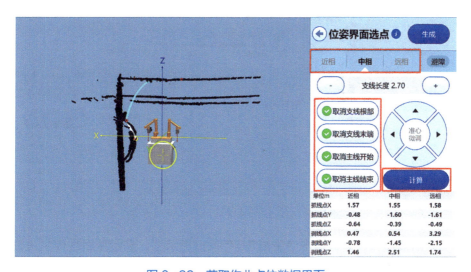

图6-39　获取作业点位数据界面

步骤5　确认自动点云分割计算出来的三相作业数据是否正确，见图6-40和图6-41。

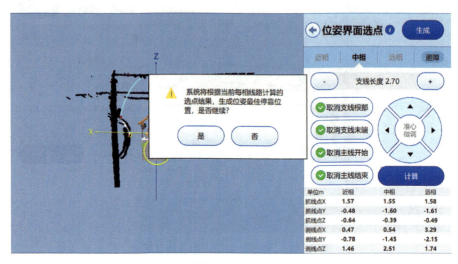

图6-40 位姿最佳停靠位置确认界面

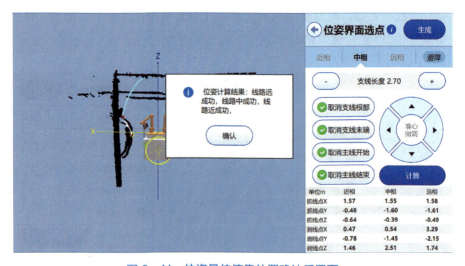

图6-41 位姿最佳停靠位置确认后界面

1）如果计算正确，点击"生成"，会弹出提示框，显示是否继续生成位姿数据。

2）如果继续，点击"是"按钮，显示位姿计算成功。

3）点击"确认"，系统跳转到任务作业界面。

（6）单相位姿调整。

步骤1 选择"中相"作业线路，点击"位姿调整"。系统跳转到位姿调整界面，见图6-42。

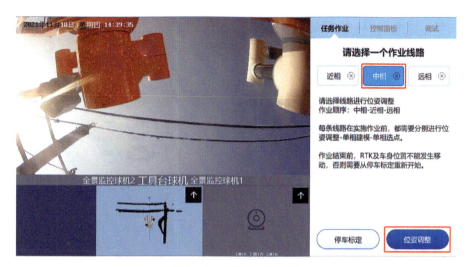

图6-42 位姿调整界面

步骤2 调整绝缘斗到界面中红框位置，见图6-43。

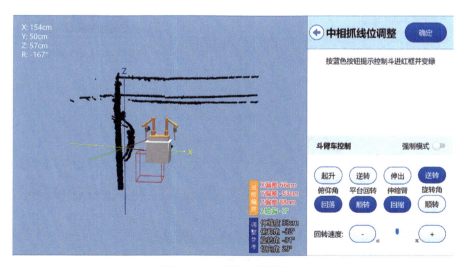

图6-43 绝缘斗调整界面

步骤3 点击"确定",跳转到位姿建模界面,见图6-44。

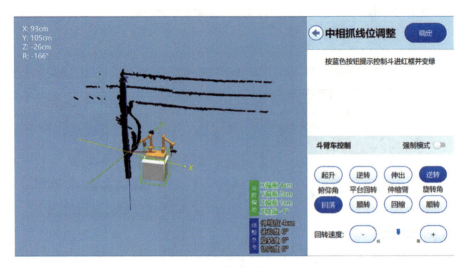

图6-44 绝缘斗调整成功界面

(7)单相位姿建模。

步骤1 点击"单相建模",跳转到单相建模界面。当单相建模完成时,界面的"选点"按钮点亮,见图6-45。

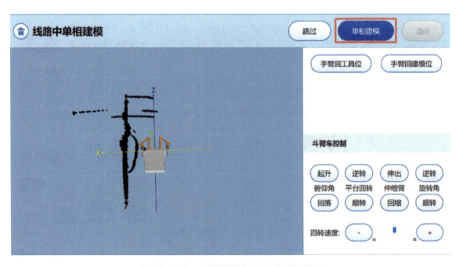

图6-45 单相建模按钮选择界面

步骤2 点击"选点",跳转到单相建模选点界面,见图6-46。

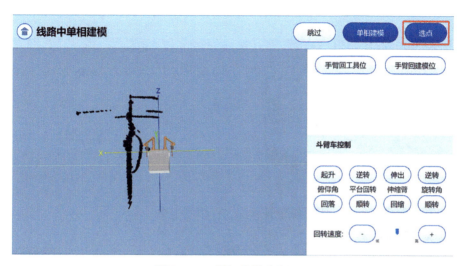

图6-46 单相建模选点界面

步骤3 判断中相线路系统选的四个作业点是否正确,见图6-47。

1)选点正确,则点击"计算",获取作业点位数据。

2)选点不正确,则手动选点,再点击"计算",获取作业点位数据。

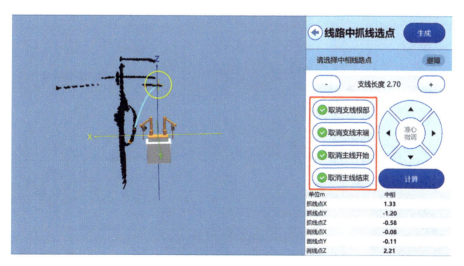

图6-47 中相线路系统选点信息确认界面

步骤4 点击"生成",完成单相建模,跳转到任务作业界面。

（8）单相作业流程。

1）开始任务。点击"开始任务"按钮，开始执行任务流程，见图6-48。

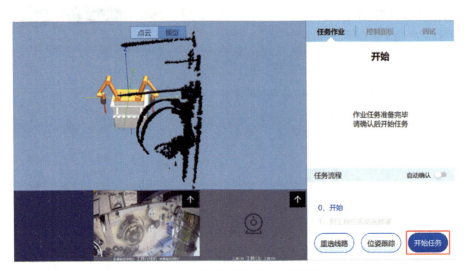

图6-48　开始任务按钮选择界面

2）抓线流程。

步骤1　执行到工具位置动画预演任务。通过界面观察机器人运动轨迹，确认动作安全无误后，点击"确认"，见图6-49。

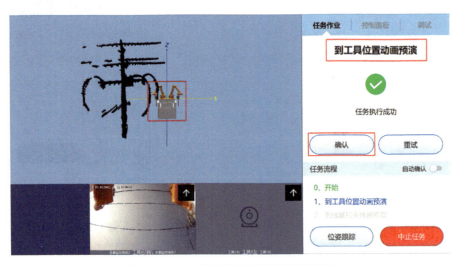

图6-49　工具位置动画预演任务界面

步骤 2　执行剥线器和夹线器抓取任务。双臂从安全位置移动到工具台上方，取出剥线器和螺旋夹线器，确认工具成功抓取后，点击"确认"，见图 6–50。

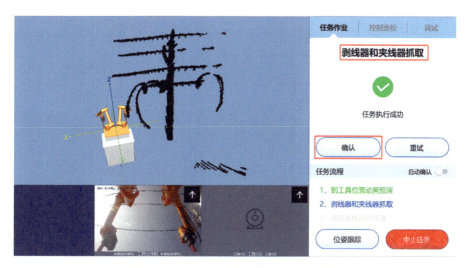

图 6–50　剥线器和夹线器抓取任务界面

步骤 3　执行预抓支线动画预演任务。通过界面观察机器人运动轨迹，确认动作安全无误后，点击"确认"，见图 6–51。

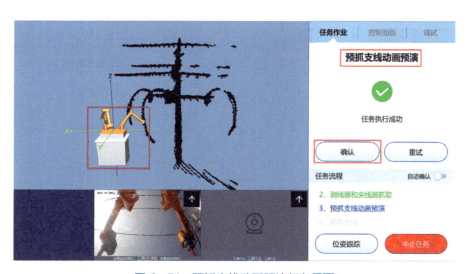

图 6–51　预抓支线动画预演任务界面

步骤 4　执行预抓支线任务。左臂进行螺旋夹线器位置标定，左臂移动到支线下方，右臂移动到合适位置便于局部建模。确认动作执行到位后，点击"确认"，见图 6-52。

图 6-52　预抓支线任务界面

步骤 5　执行抓紧支线动画预演任务。通过界面观察机器人运动轨迹，确认动作安全无误后，点击"确认"，见图 6-53。

图 6-53　抓紧支线动画预演任务界面

步骤 6 执行抓紧支线任务。左臂往上抬抓住支线，螺旋夹线器开始预收紧，防止举线时支线滑落。确认支线成功抓紧后，点击"确认"，见图 6-54。

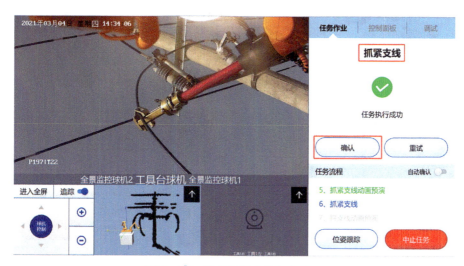

图 6-54 执行抓紧支线任务界面

步骤 7 执行挂支线动画预演任务。通过界面观察机器人运动轨迹，确认动作安全无误后，点击"确认"，见图 6-55。

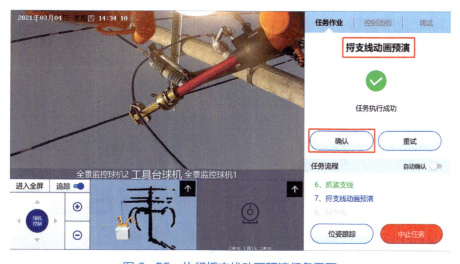

图 6-55 执行挂支线动画预演任务界面

步骤8 执行捋支线任务。左臂捋支线，并将支线移动到主线下方稍低的位置，确认动作执行到位后，点击"确认"，见图6-56。

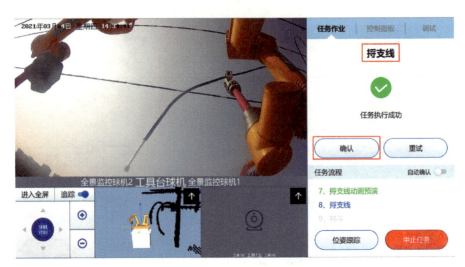

图6-56 执行捋支线任务界面

步骤9 执行移斗任务。根据界面指示，调整机器人斗臂到目标位置，将机器人移动到中相作业位置。确认动作执行到位后，点击"确认"，见图6-57和图6-58。

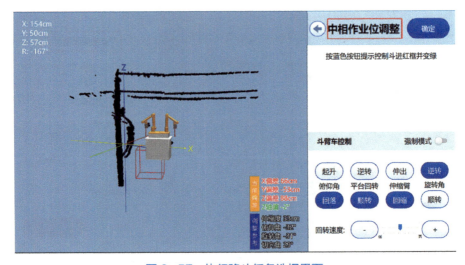

图6-57 执行移斗任务选择界面

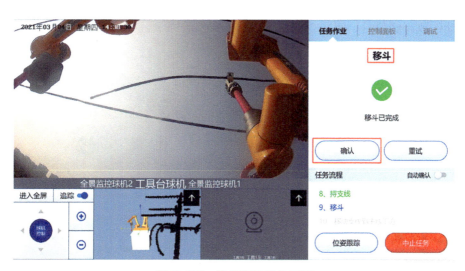

图6-58　执行移斗任务界面

3）剥线流程。

步骤1　执行移动支线到主线下方任务。左臂抓起支线右移，移动到主线下方30cm处，确认执行动作到位后，点击"确认"，见图6-59。

图6-59　移动支线到主线下方任务界面

步骤 2 执行支线靠近主线任务。右臂移动到左臂下方，通过面阵激光进行局部环境建模获取支线数据。左臂抓住支线，并上移至主线下方 5cm 处，确认动作执行到位后，点击"确认"，见图 6–60。

图 6–60 支线靠近主线任务界面

步骤 3 执行计算剥线点位置任务。左臂拉动支线，拉到支线变成受力状态，系统推算出剥线点位置，任务流程显示成功后，点击"确认"，见图 6–61。

图 6–61 计算剥线点位置任务界面

步骤 4 执行挪开支线任务。左臂松开支线，右臂右移避开支线，左臂左移将支线从主线下方挪开，确认动作执行到位后，点击"确认"，见图 6-62。

图 6-62 挪开支线任务界面

步骤 5 执行精确计算主线位置任务。左臂松开支线移动到一边，右臂抬高扫描计算主线数据，获取精准的剥线点位置，任务流程显示成功后，点击"确认"，见图 6-63。

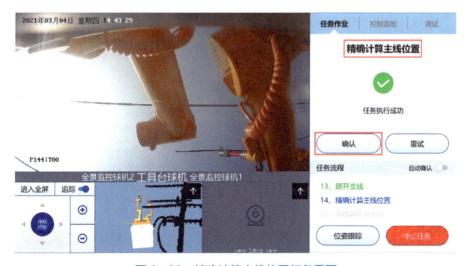

图 6-63 精确计算主线位置任务界面

步骤 6　执行剥线器抓紧主线任务。准备剥线，右臂移动到主线附近，剥线器张开后，移动扣紧主线，确认动作执行到位后，点击"确认"，见图 6–64。

图 6–64　剥线器抓紧主线任务界面

步骤 7　执行剥线任务。右臂开始剥线，剥线器旋转剥线皮 12～15cm 主线后停止，剥线器夹线块松开主线。确认动作执行到位后，点击"确认"，见图 6–65。

图 6–65　执行剥线任务界面

步骤 8 执行剥线器退出任务。剥线器反转张开，右臂移动使剥线器退出主线。确认动作执行到位后，点击"确认"，见图 6-66。

图 6-66 执行剥线器退出任务界面

步骤 9 执行放回剥线器动画预演任务。通过界面观察机器人运动轨迹，确认动作安全无误后，点击"确认"，见图 6-67。

图 6-67 执行放回剥线器动画预演任务界面

步骤 10 执行放回剥线器任务。右臂移动到工具台上方,并将剥线器放回工具台。确认动作执行到位后,点击"确认",见图 6-68。

图 6-68 执行放回剥线器任务界面

4)穿线流程。

步骤 1 执行取接线线夹任务。右臂移动到工具台上方,从工具台取出接线线夹,确认动作执行到位后,点击"确认",见图 6-69。

图 6-69 执行取接线线夹任务界面

步骤 2 执行准备穿线动画预演任务。通过界面观察机器人运动轨迹，确认动作安全无误后，点击"确认"，见图 6-70。

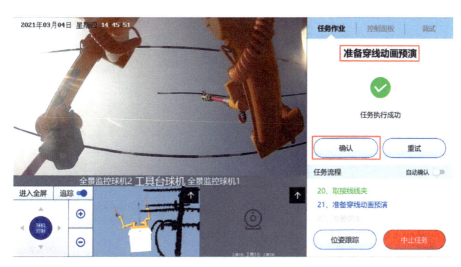

图 6-70 执行准备穿线动画预演任务界面

步骤 3 执行准备穿线任务。右臂从工具台前移动到穿线位置附近，确认动作执行到位后，点击"确认"，见图 6-71。

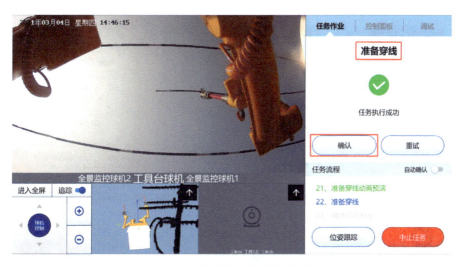

图 6-71 执行准备穿线任务界面

步骤4　执行精准识别主线任务。剥线器右臂移动至主线下方40cm处，面阵激光开始扫描主线，根据手臂、机器人、面阵激光和主线的相对位置，获得精准剥线点。确认动作执行到位后，点击"确认"，见图6-72。

图6-72　执行精准识别主线任务界面

步骤5　执行恢复支线并夹紧任务。左臂移动到主线下方并夹紧支线，确认动作正确完成后，点击"确认"，见图6-73。

图6-73　执行恢复支线并夹紧任务界面

步骤 6 执行精确计算支线位置任务。右臂移动到支线下方，进行局部建模，精确穿线位置计算。确认动作正确执行完成后，点击"确认"，见图 6-74。

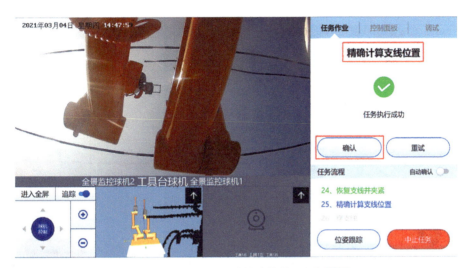

图 6-74 执行精确计算支线位置任务界面

步骤 7 执行穿支线任务。右臂移动到支线下方，支线末端扣进线夹内。确认动作正确执行完成后，点击"确认"，见图 6-75。

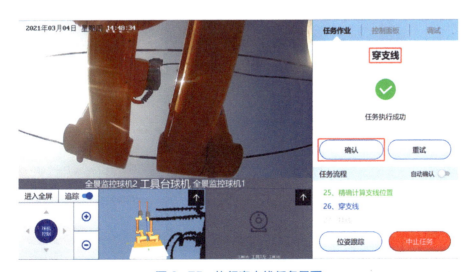

图 6-75 执行穿支线任务界面

5）挂线流程。

步骤1　执行挂线任务。右臂带着支线和线夹上移并向前扣，直至线夹挂上主线剥开处。确认动作正确执行完成后，点击"确认"，见图6-76。

图6-76　执行挂线任务界面

步骤2　执行锁紧线夹。左臂开始锁线夹，等待约一分钟后线夹锁紧。确认动作正确执行完成后，点击"确认"，见图6-77。

图6-77　执行锁紧线夹任务界面

步骤 3　执行抓线器松开支线任务。左臂电机反转，抓线器松开后，左臂移动使抓线器脱离支线。确认动作正确执行完成后，点击"确认"，见图 6-78。

图 6-78　执行抓线器松开支线任务界面

步骤 4　执行线夹工具反转任务。右臂末端电机反转，使线夹与工具卡扣脱离，确认动作正确执行完成后，点击"确认"，见图 6-79。

图 6-79　执行线夹工具反转任务界面

步骤 5 执行线夹分离任务。右臂脱离线夹工具脱离线夹，并且移动远离主线，确认动作正确完成后，点击"确认"，见图 6-80。

图 6-80 执行线夹分离任务界面

步骤 6 执行放回工具动画预演任务。通过界面观察机器人运动轨迹，确保动作正确无误后，点击"确认"，见图 6-81。

图 6-81 执行放回工具动画预演任务界面

步骤7　执行线夹座和夹线器放回任务。双臂回到工具台前，将螺旋夹线器和线夹工具放回工具台。确认工具成功放回工具台后，点击"确认"，见图6-82。

图6-82　执行线夹座和夹线器放回任务界面

6）结束任务。

步骤1　执行到建模位置动画预演。通过界面观察机器人运动轨迹，确认动作安全无误后，点击"确认"，见图6-83。

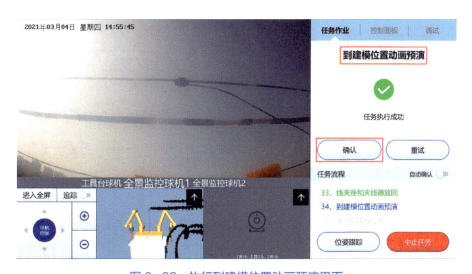

图6-83　执行到建模位置动画预演界面

步骤 2　执行运动到建模位置。双臂从工具位置回到机器人两侧，确认动作安全无误后，点击"确认"，见图 6–84。

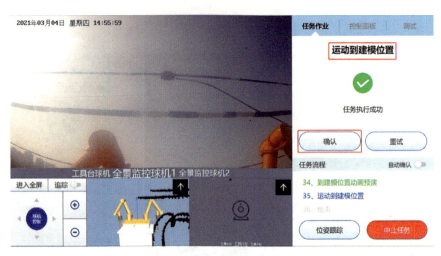

图 6–84　执行运动到建模位置界面

步骤 3　执行结束任务步骤，点击"确认"，完成中相线路作业流程，见图 6–85。

图 6–85　执行结束任务步骤界面

六、"PMS3.0+安全生产风险管控平台"不停电作业App现场应用实例

为了进一步提高配电网不停电作业现场的规范化、制度化、流程化，不停电作业工作负责人需熟练掌握"PMS3.0 系统"和"安全生产风险管控平台"两

个手机客户端的应用操作，下面以工作负责人为主线，具体展示现场作业时，工作负责人在上述两个系统中的操作流程。

1. 设计勘察

对于每一条不停电作业任务，都先由 PMS3.0 不停电作业专职新增设计勘察任务，下发给不停电作业班长，再由班长分配给对应的工作负责人，工作负责人需填写作业地点及种类、现场作业条件、环境及其他危险点，以及需要采取的安全措施，填写完毕后签字确认发送给不停电作业专职，见图 6-86。

图 6-86 设计勘察

2. 作业勘察

不停电作业专职收到设计勘察工单后,再次分配作业勘察,由工作负责人再次确认现场危险点、停电范围等内容,并反馈给不停电作业专职,见图6-87。

作业勘察模块 　　　　作业勘察信息填写 　　　　框选停电范围

图6-87　作业勘察

3. 作业准备

不停电作业专职将完成勘察的工单进行计划分配,工作负责人对接到的工单任务进行做作业准备,工作负责人将对应的人员、车辆、球机以及工作票等信息正确填写,见图6-88。

作业准备模块 　　　　作业准备信息填写 　　　　工作票编制

图6-88　作业准备

4. 作业执行

PMS3.0 的作业准备完成后，相关作业信息将同步推送到安全生产风险管控平台，在现场作业中，需在"安全生产风险管控平台"同步上传对应的现场作业信息（工作票、安全措施、开工会、三措等），见图 6-89。

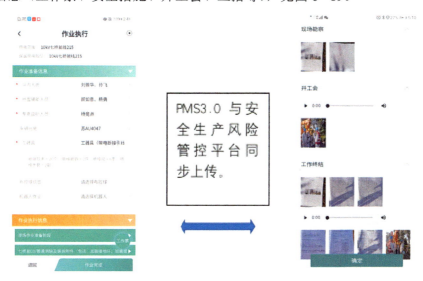

图 6-89　作业执行

5. 作业完成、人员评价

作业完成后，工作负责人需对相关作业人员进行人员评价，评价完成后工单结束，并记入 PMS3.0 的统计数据中，见图 6-90。

图 6-90　人员评价模块

习 题

1. 简答：负荷的不停电转供主要通过哪些方式开展？

2. 简答：移动箱变车与变压器并列运行的条件有哪些？

3. 简答：请试绘 10kV 发电车单机并网作业示意图。

附录 A　配网不停电作业相关标准与规章制度

一、带电作业相关标准的术语及定义

学习带电作业相关标准从术语及定义入手，有利于厘清概念，以防在实际工作中出现标准、规范的理解偏差，从而引发违章，甚至导致事故的发生。

带电作业技术术语 IEC 有两个标准：

（1）《电工术语　带电作业》（IEC 60050-651：2014）为 2014 年 4 月发布的第二版。对一些术语进行了修改，以新的第 21～26 节取代以前的各节，结构更加紧凑，因为它们只包含一般术语。IEC 60050 本部分第 26 节提供了电气工作领域的附加条款。虽然与带电作业没有特别的联系，并不与其他的国际电工词汇相冲突，对于带电作业实际工作中理解、应用其他的术语和定义是有用的。

（2）《带电作业工具设备术语》（IEC 60743：2013）为 2013 年 7 月发布第三版，这第三版取消并取代了 2001 年出版的第二版及其修订版 1：2008。这个版本包含了以下与前一版本相比的重大技术变化：第 2 条已经简化，直接引用 IEC 60050-651，一些定义已改为具体的现有条款。

经过对这两个标准的梳理可见，IEC 60050-651、IEC 60743 都涉及带电作业的相关术语。两者相比 IEC 60050-651 范围广，基础理论术语更全面。IEC 60743 在工具设备方面更加细致，是对 IEC 60050-651 的有效补充。

（一）电工术语　带电作业

本部分介绍的《电工术语　带电作业》为 2016 版，即 GB/T 2900.55—2016；代替《电工术语　带电作业》（GB/T 2900.55—2002），与其相比，主要技术变化如下：增加了工具、装置、设备、包覆绝缘手工工具、绝缘手工工具、混合手工工具、可装配的装置、旁路设备、绝缘架空装置、绝缘梯、夹紧钳、牵引设备、带电清洗设备、导电鞋、检测装置、接地短路装置、电气危险、作业监护人 18 条术语。本标准使用翻译法等同采用《国际电工词汇　带电作业》（IEC 60050-651：2014）。其中术语条目编号与 IEC 60050-651：2014 保持一致。该标准为 GB/T 2900 的第 55 部分。主要包含了通用术语、基本工具，装置和设备、个人防护器具、检测装置、接地短路设备、带电作业相关的术语等内容，其中规定了适用于与带电作业相关技术领域的基础性名词术语，并给出了明确的定义。同时，从制作材料、基本结构、基本功能及作用等方面，使用确切的词汇作了较为详尽的客观描述。

（二）带电作业工具设备术语

1. 编制原则

（1）技术变化。本部分介绍的《带电作业工具设备术语》为 2021 版，即 GB/T 14286—2021；代替《带电作业工具设备术语》（GB/T 14286—2008）。与 GB/T 14286—2008 相比，除结构调整和编辑性改动外，主要技术变化如下：

1）删除了非工具设备的术语（见 2008 年版 2 章）。

2）增加了绝缘锁杆、旁路作业设备、屏蔽服、绝缘子串分布电场检测装置等工具设备的术语（见第 3 章、第 6 章、第 8 章、第 11 章）。

（2）技术差异。本文件使用重新起草法修改采用《带电作业工具、设备和装备的术语》（IEC 60743：2013），与 IEC 60743：2013 相比，技术性差异及其原因如下：

1）对同一功能工具设备的术语进行了合并，如"绝缘扳手"是将"单头扳手""梅花扳手""套筒扳手"等工具术语的合并（见第 5 章、第 7 章、第 9 章、第 10 章）。

2）增加了个人电弧防护用品、带电作业车辆等工具设备的术语（见第 8 章、第 16 章）。

3）编辑性修改：修改了标准名称。

（3）本文件及其所代替文件的历次版本发布情况为：1993 年首次发布为 GB/T 14286—1993，2002 年第一次修订，2008 年第二次修订；2021 年为第三次修订。

（4）主要内容。

1）规定了带电作业的一些重要术语，它涉及带电作业技术的主要范畴。适用于制定、修订带电作业标准、规程，编写和翻译专业文献、教材及书刊。与带电作业技术有关的其他领域亦可参照使用。

2）就绝缘杆、通用工具附件、绝缘遮蔽用具、旁路设备、专用手工工具、个人防护装备及附件、攀登及载人器具、装卸和锚固器具、检测设备、成套承力装置、架线设备、接地和短路装置、带电清洗装备、带电作业车辆等 16 大类带电作业用工具、设备和装备，从基本结构、应用方式、基本功能和作用作了客观描述。

二、技术导则及管理规范

（一）《配电线路带电作业技术导则》（GB/T 18857—2019）

1. 编制原则

《配电线路带电作业技术导则》（GB/T 18857—2019）按照《标准化工作导则 第 1 部分：标准的结构和编写》GB/T 1.1—2009 给出的规则起草。用以代替《配电线路带电作业技术导则》（GB/T 18857—2008），与 GB/T 18857—2008 相比，GB/T 18857—2019 主要技术变化如下：

（1）增加了海拔 1000～4500m 地区 10kV 带电作业技术要求（见第 7～9 章）。

（2）增加了海拔 1000m 及以下地区 20、35kV 带电作业技术要求（见第 7～9 章）。

（3）规定了 10～35kV 电压等级配电线路带电作业的一般要求、工作制度、作业方式、技术要求、工器具的试验及运输、作业注意事项和典型作业项目。

（4）适用于海拔 4500m 及以下地区 10kV 电压等级配电线路和海拔 1000m 及以下地区的 20kV～35kV 电压等级配电线路的带电检修和维护作业。3、6kV 线路的带电作业可参考。

鉴于各地电气设备型式多样，杆上设备布置差异较大，作业项目种类较多，因此《配电线路带电作业技术导则》（GB/T 18857—2019）在作业项目及操作方法上只做原则指导。

2. 主要内容

（1）在最小安全距离、工器具试验要求等方面，相对应各电压等级配电设备，根据不同海拔在相关要求方面作出了明确规定。

（2）对作业过程中通用的作业注意事项，作出了详尽规定。

（3）典型作业项目及安全事项中，针对更换直线杆绝缘子、断、接引线、更换跌落式熔断器、更换直线横担、带负荷加装分段开关、隔离刀闸等典型作业项目提出了相应的安全技术要求。

（4）在标准的附录 A 操作导则中，针对 10kV 配电线路带电作业的典型项目给出了原则性指导。

（二）《配电线路旁路作业技术导则》（GB/T 34577—2017）

《配电线路旁路作业技术导则》（GB/T 34577—2017）规定了 10～20kV 电压等级配电线路旁路作业的工作制度、技术要求、作业方式、工具装备、操作要领及安全措施等。适用于 10～20kV 电压等级旁路作业检修和维护配电线路设备。其主要内容：

（1）在作业项目及安全事项的章节中，规定了旁路作业的主要作业步骤和安全注意事项。

（2）旁路设备的运输、储存及保养的章节中，对旁路设备的在使用前、使用中和使用后的回收，以及运输与存放作出了明确规定。

（3）在附录A中，就旁路设备的机械、电气等方面，提出了相关要求。

（4）在附录B中，就旁路设备的试验项目，作出了要求。

（5）在附录C中，规定了旁路设备分流情况的核查。其主要内容为：旁路设备与待检修设备、检修设备并联运行后，应根据旁路设备与待检修设备、检修后设备的参数，检查旁路设备分流是否正常。一般情况下，旁路电缆分流约占总电流的 1/4～3/4。

（6）附录D为旁路变压器与柱上变压器并联运行的条件。

（7）附录E为旁路设备架空敷设操作导则，其主要内容包括敷设工作流程、旁路设备敷设作业程序，对各旁路设备敷设的整个过程作出了原则性指导。

（三）《10kV 配网不停电作业规范》（Q/GDW 10520—2016）

《10kV 配网不停电作业规范》（Q/GDW 10520—2016）规定了 10kV 配网不停电作业各级单位的职责、作业项目及分类、规划与统计管理、人员资质与培训管理、工器具与车辆管理以及资料管理等方面的要求，并提出了 10kV 配网不停电作业现场作业规范。

《10kV 配网不停电作业规范》（Q/GDW 10520—2016）适用于国家电网公司系统 10kV 配网架空线路、电缆线路不停电作业工作。

1. 编制背景

《10kV 配网不停电作业规范》（Q/GDW 10520—2016）依据《关于下达 2014 年度国家电网公司技术标准制修订计划的通知》（国家电网科〔2014〕64 号）的要求编写。

2010 年 10 月，国家电网公司发布实施了《10kV 架空配电线路带电作业管理规范》Q/GDW 520—2010（简称《规范》），有效提升了公司系统 10kV 架空配电线路带电作业专业化管理工作水平。随着配网带电作业技术研究不断深入和电缆不停电作业、绝缘杆作业法等新项目应用，对配网不停电作业专业管理提出更高要求，国网运检部决定对《规范》进行修订。

2. 编制主要原则

（1）遵循现有相关法律、条例、标准和导则。

（2）立足国家电网公司配网不停电作业发展规划和管理思路，结合公司系统各单位配网不停电作业开展的实践经验和管理特点。

（3）提升国家电网公司配网不停电作业专业管理水平，指导不停电作业工作安全有序开展。

（4）《10kV 配网不停电作业规范》项目计划名称为"10kV 架空配电线路带电作业管理规范"，因标准的适用范围超过了原《规范》范围，经编写组与专家商定，更名为"10kV 配网不停电作业规范"。

3. 与其他标准文件的关系

（1）与相关技术领域的国家现行法律、法规和政策保持一致。

（2）宣贯、实施和使用中的保密要求为在国家电网公司内部公开。

（3）在不停电作业关键技术参数与同类国家标准《配电线路带电作业技术导则》（GB/T 18857—2008）一致，在工作制度、安全事项和项目管理等严于国标，并在典型作业项目操作规范进行了细化。

（4）在工器具存放与同类行业标准《带电作业用工具库房》（DL 974）一致，在工器具管理进行了细化。

（5）在工器具试验参数与同类行业标准《带电作业工具、装置和设备预防性试验规程》（DL 976）一致，在工器具试验管理制度进行了细化。

（6）在旁路作业设备技术参数与企业标准《10kV 旁路作业设备技术条件》（Q/GDW 249）和《10kV 带电作业用消弧开关技术条件》（Q/GDW 1811—2013）一致，在设备管理方面进行了细化。

（7）在电缆线路不停电作业关键技术参数与企业标准《10kV 电缆线路不停电作业技术导则》（Q/GDW 710—2012）一致，在作业项目操作方法、人员和工器具配置方面进行了细化。

4. 标准结构和内容

代替 Q/GDW 520—2010，本次修订做了如下重大调整：

（1）增加了高海拔区域不停电作业技术参数。

（2）增加了县公司、中国电科院、省级电科院职责。

（3）修改了标准名称。

（4）修改了标准的适用范围，修订后内容超出 2010 版的范围。

（5）相较 2010 版修改了国家电网公司、省公司、地市公司职责。

（6）修改了架空线路带电作业项目。

（7）修改了 10kV 配网不停电作业现场作业规范。

（8）修改了人员、工器具及车辆配置原则。

（9）删除了引用文件中的术语和定义，引用标准文件中已包含删除的术语和定义。

《10kV 配网不停电作业规范》主题章分为 8 章，由总则、职责分工、项目分类、规划与统计、人员资质与培训管理、作业项目管理、不停电作业工器具及车辆管理、资料管理组成。立足国家电网公司配网不停电作业发展规划和管理思路，结合国家电网公司系统各单位配网不停电作业开展的实践经验和管理特点，以提升配网不停电作业专业管理水平为基本出发点进行编写。标准中现场作业规范充分考虑了各单位传统作业习惯和方法差异，为不停电作业工作安全有序开展提供指导。

三、工具的设计、使用与试验类规范

（一）《带电作业工具基本技术要求与设计导则》（GB/T 18037—2008）

《带电作业工具基本技术要求与设计导则》（GB/T 18037—2008）规定了交流 10～750kV、直流±500kV 带电作业工具应具备的基本技术要求，提出了工具的设计、验算、保管、检验等方面的技术规范及指导原则。

（1）GB/T 18037—2008 代替 GB/T 18307—2000。

（2）GB/T 18037—2008 与 GB/T 18307—2000 相比主要差异如下：

1）增加了防潮绝缘绳索和高强度绝缘绳索的指标要求。

2）增加了有关 750kV 交流线路的带电作业工具电气设计原则及要求。

3）增加了制作绝缘防护用具材料的选材原则、设计原则和要求。

4）对工具库房设计部分进行了修改。

（3）主要内容。

1）带电作业工具选材原则：① 绝缘材料电气性能指标要求；② 绝缘材料理化指标要求；③ 绝缘材料机械性能指标要求；④ 各类工器具选材原则；⑤ 机械设计原则及要求；⑥ 电气设计原则及要求；⑦ 工艺结构设计要求；⑧ 包装设计要求；⑨ 工具库房的设计；⑩ 工具试验。

2）附录 A 为机械验算。

3）附录 B 为主要工具的系列。

4）附录 C 为带电作业间隙的海拔校正。海拔校正因数可由式（A−1）确定

$$K_a = \frac{1}{1.0 - mH \times 10^{-4}} \qquad (A-1)$$

式中　H——海拔，m；

m——操作冲击的海拔校正因数的修正因子。

　　不同海拔的带电作业间距校正步骤为：根据间隙在标准气象条件下的操作冲击放电电压值，计算得出不同海拔下的校正因数 K_a；将各带电作业间隙的放电电压值乘以海拔校正因数 K_a，再求得相应海拔下的带电作业间隙距离。

（二）《带电作业工具、装置和设备预防性试验规程》（DL/T 976—2017）

　　《带电作业工具、装置和设备预防性试验规程》（DL/T 976—2017）根据《标准化工作导则　第 1 部分：标准的结构和编写》（GB/T 1.1—2009）给出的规则起草。是对《带电作业工具、装置和设备预防性试验规程》（DL/T 976—2005）的修订，代替 DL/T 976—2005。

1. 主要技术变化

　　（1）调整了各个章节中工器具的阐述顺序。

　　（2）增加了配电 20、35kV 电压等级绝缘工具、安全防护用具的预防性试验要求。

　　（3）增加了输电 ±660、±800、1000kV 电压等级绝缘工具、金属（承力）工具、安全防护用具的预防性试验要求。

　　（4）将"承力工具"修改为"金属（承力）工具"。

　　（5）将"装置及设备"拆分为"检测工具"和"检修装置及设备"。

　　（6）增加了"10kV 带电作业用消弧开关"和"10kV 旁路作业设备"。

2. 主要内容

　　（1）规定了带电作业工具、装置和设备预防性试验的项目、周期和要求，用以判断工具、装置和设备是否符合使用条件，预防其损坏，以保证带电作业时人身及设备安全。

　　（2）适用于交、直流电力系统进行带电作业所使用的工具、装置和设备。不适用在特殊环境下进行带电作业所使用的工具、装置和设备。相关技术参数适用于海拔 1000m 及以下地区；在海拔 1000m 以上地区，相关参数应进行海拔校正。

　　（3）进行预防性试验时，一般宜先进行外观检查，再进行机械试验，最后进行电气试验。电气试验按 GB/T 16927.1 的要求进行。

　　（4）进行试验时，试品应干燥、清洁，试品温度达到环境温度后方可进行试验，户外试验应在良好的天气进行，且空气相对湿度一般不高于 80%。试验时应测量和记录试验环境的温湿度及气压。

　　（5）交流 220kV 及以下电压等级的带电作业工具、装置和设备，采用 1min

交流耐压试验；交流330kV及以上电压等级的带电作业工具、装置和设备，采用3min交流耐压试验和操作冲击耐压试验。非标准电压等级的带电作业工具、装置和设备的交流耐压试验值，可根据本规程规定的相邻电压等级按插入法计算。

（6）直流带电作业工具、装置和设备，采用3min直流耐压试验和操作冲击耐压试验。在进行直流耐压试验时，应采用负极性接线。

（7）进行操作冲击耐压试验时应对试品施加15次波形为250/2500μs的正极性冲击电压。

（8）经预防性试验合格的带电作业工具、装置和设备应在明显位置贴上试验合格标志，合格标志的样式及要求该标准附录A中规定其内容应包含检验周期、检验日期等信息。预防性试验合格标志式样及要求如图A−1所示。

图 A−1　预防性试验合格标志式样及要求

注：长度单位为mm。

（9）执行《带电作业工具、装置和设备预防性试验规程》时，可根据具体情况制定本地区或本单位的现场规程。遇到特殊情况需要改变试验项目、周期或要求时，由本单位总工程师或分管领导审查批准后执行。

（10）标准的附录B为电气试验方法。

参 考 文 献

[1] 国家电网公司人力资源部. 国家电网公司生产技能人员职业能力培训通用教材 带电作业基础知识 [M]. 北京：中国电力出版社，2010.

[2] 电力行业职业技能鉴定指导中心. 11-045 职业技能鉴定指导书 职业标准 试题库 高压线路带电检修（第二版）[M]. 北京：中国电力出版社，2009.

[3] 苏建军. 电力机器人技术 [M]. 北京：中国电力出版社，2015.

[4] 国家电网公司. 国家电网有限公司十八项电网重大反事故措施（2018 年修订版）及编制说明 [M]. 北京：中国电力出版社，2018.

[5] 国网浙江省电力公司温州供电公司. 变电站智能巡检机器人 [M]. 北京：中国电力出版社，2018.

[6] 王秀梅，吴鹏，赵路佳，等. 电力机器人创新设计与制作 [M]. 北京：中国电力出版社，2020.